人工智能 等级考试

一级教程

人工智能通识

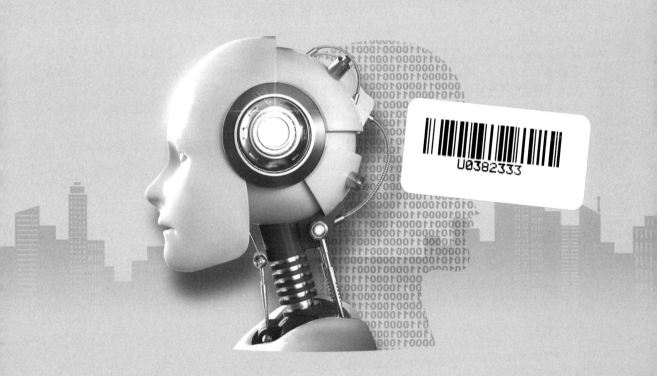

人工智能等级考试教材编写组 **组编**

曹良亮 蒋建伟 **编著**

人民邮电出版社

北京

图书在版编目（CIP）数据

人工智能通识 / 人工智能等级考试教材编写组组编 ；
曹良亮，蒋建伟编著. -- 北京 ：人民邮电出版社，
2022.7
人工智能等级考试一级教程
ISBN 978-7-115-59054-1

Ⅰ. ①人… Ⅱ. ①人… ②曹… ③蒋… Ⅲ. ①人工智
能－资格考试－教材 Ⅳ. ①TP18

中国版本图书馆CIP数据核字(2022)第051946号

内 容 提 要

　　本书面向我国人工智能的通识教育与专业技术人才的培养。全书共 8 章，分为 3 篇，分别为人工智能的基本理论、人工智能的应用以及人工智能的融合拓展，涵盖了目前主流的人工智能技术。全书在介绍人工智能的基本原理时，尽量回避了相关的复杂模型和算法设计，方便读者在社会层面理解人工智能的应用形式和未来的发展路径。此外，书中每章都设计了一些思考与练习的题目，以便读者在课堂练习和研讨中使用。

　　本书适合具有高中及以上数学基础的学生，包括各类职业院校、应用型本科非计算机专业的学生阅读，也适合对人工智能感兴趣或有相关需求的社会人士阅读。

- ◆ 组　　编　人工智能等级考试教材编写组
  编　　著　曹良亮　蒋建伟
  责任编辑　颜景燕
  责任印制　王　郁　胡　南
- ◆ 人民邮电出版社出版发行　　北京市丰台区成寿寺路 11 号
  邮编　100164　电子邮件　315@ptpress.com.cn
  网址　https://www.ptpress.com.cn
  北京联兴盛业印刷股份有限公司印刷
- ◆ 开本：800×1000　1/16
  印张：11　　　　　　　　2022 年 7 月第 1 版
  字数：202 千字　　　　　2022 年 7 月北京第 1 次印刷

定价：59.80 元

读者服务热线：(010)81055410　印装质量热线：(010)81055316
反盗版热线：(010)81055315
广告经营许可证：京东市监广登字 20170147 号

前　言

人工智能技术作为计算机科学中的一个重要的研究领域，目前已经在我们的社会生活中发挥着重要作用，并深刻影响着我们每个人的日常生活。当前人工智能在自动化机器人、控制系统、仿真系统方面得到了广泛的应用，未来人工智能技术也必将发挥自身的优势，造福人类生活，促进经济发展。为了适应信息化社会的发展，具备一定程度的人工智能知识对于当代学生今后走向社会非常重要。

本书作为"人工智能等级考试"的一级教程，系统地介绍了人工智能的基本原理和基础知识，内容深入浅出，通俗易懂。希望读者能够通过学习本教程，为今后深入人工智能领域打下宽广而坚实的基础。人工智能的相关理论领域宽泛、应用领域众多，只有具备坚实的基础，多了解计算机领域的发展热点，才能为应用人工智能做好准备。

本书分为三篇，分别从人工智能的基本理论、应用以及融合拓展三个方面介绍了目前主流的人工智能技术和方法。具体内容如下。

第 1 篇：人工智能的基本理论。本篇主要包括第 1～3 章的内容。第 1 章从人工智能的基本概念、发展历史、研究流派等几个方面简要介绍人工智能的基本常识。第 2 章简要介绍经典人工智能理论中的搜索技术、专家系统、知识工程等方面的基础知识。本章的核心内容是知识的表示方式和专家系统的问题解决原理。第 3 章主要介绍人工神经网络、机器学习和深度学习的基本原理和实现方法，重点是感知机的原理以及二元分类方法。本章中的机器学习和深度学习是目前人工智能的研究热点，但是由于该部分内容涉及的算法难度较大，因此本章只介绍了其基本原理和模型。

第 2 篇：人工智能的应用。本篇主要包括第 4～6 章的内容。第 4 章主要介绍计算机图像识别的基本原理。图像识别是人工智能的重要应用领域，目前已经实现了大规模的商业化应用，本章主要从图像的数字化处理入手，介绍数字图像的基本原理、图像分割技术和图像识别技术的基本原理。第 5 章主要介绍语音识别的基本原理，包括数字化音频处理的基本原理、语音识别的基本过程以及自然语言处理的一些常识。第 6 章主要介绍机器人和智能体。机器人作为人工智能的一种综合形式，目前在工业、医学、金融等领域应用广泛。此外，第 6 章还选择了目前比较流行的机器人构件和 ESP32 控制芯片，演示机器人的基本结构和程序控制原理。

第 3 篇：人工智能的融合扩展。本篇包括第 7 章和第 8 章的内容，主要介绍大数据技术的基本原理，以及物联网、云计算和区块链等信息技术的发展热点。人工智能技术在发展过程中不断和其他的信息技术相互融合，本篇简要介绍了人工智能在这些热点领域的融合和应用情况。

为方便非计算机专业的同学学习，本书配备了相关的数字资源，主要包括两部分内容。一部分是计算机领域的相关预备知识，包括计算机的基本组成和原理，以及程序设计的基础知识。这部分内容是整个计算机科学的基础，也是学习和掌握人工智能应用的基础知识。另一部分是本书每章思考题与练习题的参考答案及解析。

本书着重介绍了人工智能的基本原理，尽量避开了相关的复杂模型和算法设计，希望读者通过对相关原理和设计思想的理解，能站在更高的层面理解人工智能的应用形式和未来的发展。书中设计了一些"思考与练习"栏目，供读者强化巩固所学知识，也希望通过这些内容能够更好地梳理人工智能中的复杂概念和理论。

由于本书编者能力有限，内容难免还有疏漏之处，敬请各位读者批评指正。本书编辑的联系邮箱为 muguiling@ptpress.com.cn。

编　者

目　录

第1篇　人工智能的基本理论

第 2 篇　人工智能的应用

第3篇　人工智能的融合扩展

第1篇

人工智能的基本理论

- ○ 第1章 人工智能概述

- ○ 第2章 问题求解和知识工程

- ○ 第3章 人工神经网络和机器学习

第 1 章

人工智能概述

本章学习重点

○   理解人工智能的基本概念，人工智能的基本应用

○   区分强人工智能和弱人工智能

○   了解人工智能的发展历史，了解人工智能发展史中的标志性事件

○   了解人工智能的三个研究学派的区别

○   掌握目前人工智能的主要应用形式和领域

本章学习导读

人工智能（Artificial Intelligence，AI）是计算机科学的一个重要分支。自从 20 世纪 50 年代人工智能的概念被正式提出之后，人工智能在理论和应用两方面都取得大量进展。简单来说，人工智能是可用来设计模拟人类智能行为的人造系统。本章简要介绍人工智能的基本概念、发展历史、研究流派以及目前人工智能的应用领域等，主要内容如图 1.1 所示。

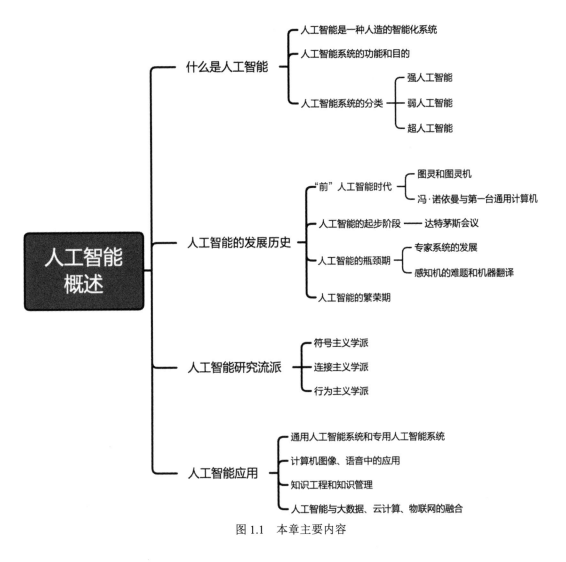

图 1.1　本章主要内容

　　目前，人工智能的研究已经逐渐成了推动社会信息化发展的重要技术力量。因此，我们应当了解和掌握一些基本的人工智能相关知识，这样才能更好地适应数字化的新时代。了解人工智能的基本概念、发展历史等几个方面内容，能够"以史为鉴"，让我们从人工智能曲折发展的历史中，了解到人工智能在各个应用领域中的优势、特点以及不足，这样才能更全面地认识人工智能技术，发挥人工智能的优势，避免再次走弯路，实现社会信息化的快速发展。

　　当前人工智能正在深刻影响着社会生活的方方面面，即使在传统的制造领域，自动化的工业机器人、控制仿真系统也都是人工智能应用的优势领域；在日常生活中，智慧化城市、智能交通网络，甚至电子购物平台都可以通过人工智能技术来提供更好的服务，让我们感受到技术为生活带来的便利；人工智能正逐渐从传统的信息技术产业延伸到整个社会。

1.1 什么是人工智能

人工智能首先是计算机科学的一个重要的分支学科和研究领域，也是近十几年来计算机科学的热点研究领域。人工智能的概念最早于著名的达特茅斯会议中被相关科学家提出，在那之后的几十年，人工智能就逐渐成了计算机领域的一个重要的研究方向。人工智能就是一门关注和研究使用人造系统来模拟和实现人类的智能化行为的理论和实践学科。

1.1.1 达特茅斯会议与人工智能的诞生

1956 年，美国东部的达特茅斯学院举行了一个关于机器智能、人工神经网络和自动化的理论研讨会，当时参加会议的有著名的信息论创始人克劳德·香农（Claude Shannon），计算机学家马文·明斯基（Marvin Minsky）、艾伦·纽厄尔（Allen Newell）、约翰·麦卡锡（John McCarthy），经济学家赫伯特·西蒙（Herbert Simon），以及其他计算机、自然语言处理和神经网络领域的著名学者。在达特茅斯会议上，这些科学家们讨论的核心议题就是，将来能否制造出一台机器，具备模拟人类的智能化行为的功能。从技术实现上，这台人工智能机器甚至可以使用语言形成抽象的概念，并实现智能化的逻辑推理和问题解决。也就是在这次会议上，人工智能作为一个崭新的概念被首次明确提出。

在此次会议之后，人工智能的概念开始逐渐流行，并成为计算机科学的一个新的研究领域。很多科学家开始系统地研究人工智能中的各类相关问题，希望创建一个具备人工智能的计算机系统。在各领域的科学家的共同努力下，人工智能的研究在很多方向都取得了一些初步的成就。例如，约翰·麦卡锡在此次会议之后不久就设计和开发了世界上第一个专门用于人工智能程序设计的编程语言 LISP。LISP 语言不仅在很长一段时间内被广泛应用于人工智能的研究和设计，而且其开创性的编程思想对今后编程语言的发展也产生了深远的影响。因此，达特茅斯会议被认为是近代人工智能研究诞生的一个标志性事件。

1.1.2 "人工"和"智能"的完美结合

人工智能的概念从达特茅斯会议提出到目前已经近 70 年，但是人工智能界并没有一个关于人工智能的相对明确和统一的概念。下面是部分认可程度比较高的关于人工智能的定义。

简单说，人工智能的目的是实现一个人造的智能化系统。因此，我们首先需要知道什么样的系统算是智能（intelligence）的。智能的英文单词有时也被翻译为智慧。通常情况下，智能被认为是一种人类所特有的思维和理性方面的特性，思维和理性包括最常见的解决问题的能力，以及一般意义上的逻辑推理能力。早在几千年前，人类就不断追问和思考人类自身与其他的动物的区别，那时候起，人类开始意识到自身所具有的智慧和理性。这里需要注意的是，有时某些动物也能够具备部分理性解决问题的能力。例如，黑猩猩也能够利用工具来获取食物，这也可以认为是一种基本的问题解决能力。但是，和其他动物不同，人类表现出来的智能行为要比大部分动物的"智慧"复杂得多。我们一般认为，人类能够体现智能的许多方面，而动物一般只具备智能的部分特性，并且大多处于智能的初级阶段。

由于通常情况下人类智能的表现形式过于复杂多样，因此我们很难给出一个全面而具体的定义。很多计算机科学会使用计算机领域的词汇来概括智能，即根据面临的问题和问题的解决来表示人类的智能。在计算机领域，问题使用输入来表示，问题的解决使用答案输出来表示，因此智能在计算机领域可以看作，人类（或者计算机系统）通过问题的输入，实现问题解决并给出答案的能力。从这里我们可以看出，计算机科学家更加关注人工智能作为一个完整系统的输入（问题）和输出（答案）功能，即智能就是首先能够从外界获得信息，并主动做出决策判断，最后做出正确反应的过程。

在理解了智能的基本概念后，人工（artificial）的概念就相对比较简单，人工就是人造的意思，因此人工智能通常可以理解为一种人造的智能系统，即使用计算机来模拟人的思维过程，例如问题求解、逻辑推理、决策思考等。但是，由于当前人工智能的研究和应用领域非常广泛，因此人工智能的概念也逐渐泛化，从广义上看，所有能够在一定程度上实现智能行为的系统都可以称为人工智能系统；从狭义上看，尤其在计算机领域，人工智能主要是一些具体的，能够实现智能化行为的算法或者模型。我们在理解人工智能这个概念时，应当注意广义和狭义概念的区别。

1.1.3 "全面"人工智能和"部分"人工智能

综合目前人工智能的各种定义可知，人工智能研究的核心目标在于构造一个智能化的人工系统，利用这一智能系统，可以实现模仿人类完成思考推理和解决问题等高级智能化行为。因此，按照人工智能所致力于构造的这一系统的功能性，可以把早期的人工智能的主要研究领域分为"强人工智能"和"弱人工智能"两个不同的研究方向。

所谓强人工智能是指人工智能系统能够真正像人类一样实现思考的功能，并具有感知能力和自我意识，可以实现自我学习。在人工智能研究的早期阶段，科学家们主要是致力于强人工智能方向的研究。其目标就是希望能够实现一个具备人类所有理性思考能力的机器系统。但是经过一段时间的努力，科学家们发现强人工智能不仅在技术研究和实现上面临着巨大的挑战，甚至有很多人还从哲学伦理学的角度反对这种全面的"类人"系统的研究。经过大量的尝试和失败，科学家们认为强人工智能的实现难度太大，或者说短时期内无法实现；而伦理学家们则在考虑，强人工智能这样"类人"的机器诞生后，人类该何去何从？

在早期人工智能研究过程中，由于多方面条件的限制，强人工智能的研究最终陷入了困境。很多科学家也开始从强人工智能这种"全面"的人工智能系统，转向弱人工智能这种"部分"的人工智能系统。

所谓弱人工智能，是指当无法制造出像人类一样能够自主思考和具有自我意识的智能系统时，可以尝试制造在某些特定方面具备一定程度智能的系统，这个智能系统并不需要具备完全的人类理性功能，但是依然可以在特定的具体领域实现一定程度的智能化。例如，目前各种下棋的程序（围棋、国际象棋等）只是在博弈方面具备了基本的智能化行为，这些系统的博弈能力已经超过了人类，但是这些智能系统并不具备除了博弈之外的感知和思考能力。因此它们只是一个在特定的博弈方面具备智能功能的弱人工智能系统。

强人工智能和弱人工智能的提出，让科学家们更好地理解了人工智能的基本发展方向，了解了智能系统的优势和不足。弱人工智能是目前人工智能研究和应用的重点。此外，近些年还有一些科学家提出了超人工智能（Artificial Superintelligence, ASI）的概念。这里的超人工智能表示一种在几乎所有的智能化方面上，都远超人类智能的系统。超人工智能的概念目前还处于科学假设阶段，相关的研究并没有取得实质性进展。

我们现在使用的人工智能系统基本上都是弱人工智能系统，例如各类图像识别系统、语音识别系统、博弈程序、机器翻译系统等。这些弱人工智能在特定的方向上不断地发展和创新，取得的成就也不断为强人工智能的发展奠定坚实的基础。可以预测，在强人工智能实现之后，也许超人工智能也能实现，并为我们带来更大的惊喜。

思考与练习 1-1　怎样理解人工智能

很多科幻类型的影视剧，都在探讨人工智能的可能性和关于人工智能的伦理学问题，例如以下几部电影。

- ○　史蒂文·斯皮尔伯格执导，裘德·洛、海利·乔·奥斯蒙特主演的《人工智能》；

- ○　亚历克斯·普罗亚斯执导，威尔·史密斯主演的《我，机器人》；

- ○　亚力克斯·嘉兰执导，多姆纳尔·格里森主演的《机械姬》。

思考题：请你谈谈你对人工智能发展的看法，也可以谈谈对人工智能中伦理学问题的看法。

1.2　人工智能的发展历史

几千年以来，人类就一直关注和研究着自身的理性能力，不断探索着人与其他生物在理性上的区别，并希望通过创造各种机器来代替人的部分脑力劳动，以提高人类的生存和发展能力。虽然，历史上这些智能化机器仅仅停留在科学假想阶段和各类文学作品中，但是至少表示人类很早就开始认识自身，并且对人类自身的理性能力有了深刻的认识。早期的关于自动化机器的研究设计都可以看作人工智能的先驱。

如 1.1 节所述，目前大多数的研究者都把 1956 年的达特茅斯会议作为现代人工智能诞生的标志。其实在 1956 年达特茅斯会议之前，就已经有很多科学家对人工智能的诞生做出了不可磨灭的贡献，例如艾伦·图灵（A. M. Turing）、库尔特·哥德尔（Kurt Godel）、约翰·冯·诺伊曼（John von Neumann）等。这些科学家都从各自所在的领域为人工智能的发展奠定了基础。从达特茅斯会议之后一直到现在，人类一直在人工智能领域艰辛地探索。科学家们把历史上一些著名的里程碑式事件作为人工智能发展的标志性时间点，并以此为根据将 1956 年至今的人工智能发展史划分为多个发展阶段。其中尤其需要注意 20 世纪 70 年代，当时人工智能的发展处于低潮期，主要原因是当时众人遇到了单层感知机的学习能力问题，这些问题直接导致了当时人工智能的研究失去大量投资，最终使得人工智能的研究陷入瓶颈。

这里我们把人工智能的发展分为"前"人工智能阶段、人工智能的起步阶段、人工智能的瓶颈期、人工智能的复苏期和人工智能的繁荣期五个阶段。

1.2.1 "前"人工智能阶段

1936 年，著名的英国数学家艾伦·图灵开创性地提出了图灵机的数学模型，该模型形象地定义了一台可执行指令的机器，能够模拟人类进行数学计算的过程。图灵机模型为后来电子计算机的研究和实现奠定了重要的理论基础。除图灵机外，图灵于 1950 年还发表了《机器能思考么？》一文，在这篇论文中，图灵讨论了制造一台真正智能化的机器的可能性。该文章中更加广为人知的就是图灵测试，即对于机器是否具备智能的判断标准。具体设想是，让测试者（一个人）和被测试者（一台计算机）隔开，并通过某种特定的方式（比如键盘）进行交谈，随后让测试者判断对方是人类还是机器。在进行多次测试后，如果测试者误判断的概率超过 30%，可以认为计算机通过"图灵测试"，具有"智能"。图灵测试可以看作我们从哲学角度对人工智能的第一次严肃思考。

在图灵提出了图灵机的数学模型之后，科学家们开始尝试建造能够按照一定程序实现控制和运算的计算机设备。美籍匈牙利数学家冯·诺伊曼对世界上第一台通用计算机 ENIAC 的设计提出过建议，并于 1945 年参与讨论和起草了《存储程序通用电子计算机方案》。这一方案对后来计算机的设计有决定性的影响。

冯·诺依曼提出了计算机制造的几项基本原则，这被称为"冯·诺依曼结构"。其主要内容包括，计算机采用二进制计算方法、程序存储和运行方式，以及计算机的五个主要部件（运算器、控制器、存储器、输入设备和输出设备）。从世界上第一台通用计算机 ENIAC 问世至今，计算机的设计制造技术发生了翻天覆地的变化，但冯·诺依曼结构仍然沿用至今，因此人们也把冯·诺伊曼称为"现代计算机之父"。

自从 1946 年，世界上第一台通用计算机 ENIAC 诞生于美国宾夕法尼亚大学，利用计算机实现人工智能才真正成为一种可能。在计算机及其相关理论发展之后，人工智能的相关研究也真正走上了系统化和科学化的道路。例如，早在 1952 年，亚瑟·塞缪尔（Arthur Samuel）就已经编写了第一个版本的西洋跳棋的博弈程序。在这些早期科学家对人工智能的探索的基础上，人工智能也就呼之欲出了。

1.2.2　人工智能的起步阶段

在达特茅斯会议之后的 10 年中，人工智能领域出现了一系列非常有代表性的研究成果。例如，人工智能在人工智能语言、定理证明和问题求解等方面都取得了很大的进展。

首先，达特茅斯会议之后，会议的重要发起人约翰·麦卡锡就设计和开发了第一个人工智能程序设计语言 LISP。LISP 引入了许多高级特性，例如动态类型、面向对象的设计思想等。LISP 在很长一段时间内，都是人工智能系统的一个重要开发工具，很多专家系统都是在 LISP 语言的基础上构建的。

其次，人工智能在定理证明方面取得了突破性进展。人工智能的定理证明指使用计算机程序代替人类，用一种自动推理和论证的方式来证明某一个数学定理。在这一起步阶段，纽厄尔和西蒙开发的计算机程序可以独立证明出《数学原理》一书中第二章的 38 条定理；到 1963 年时，该程序已经能够证明该章的全部 52 条定理。此外数理逻辑学家王浩在 1958 年，使用 IBM-704 机器，用 3～5 分钟时间就证明了《数学原理》中有关命题演算的 220 条定理。1976 年，凯尼斯·阿佩尔（Kenneth Appel）和沃夫冈·哈肯（Wolfgang Haken）利用人工智能和计算机混合的方式证明了著名的四色定理。

最后，问题求解领域也获得了巨大的成功。比如，1960 年纽厄尔等人编制了通用问题解决者（General Problem Solver，GPS）程序，该程序能够通过模拟人类求解问题的基本思维规律，实现针对 11 种不同类型的问题的求解操作。在模式识别方面，1959 年塞尔夫里奇推出了一个模式识别程序，1965 年罗伯特（Roberts）编制出了可分辨积木构造的程序。此外，塞缪尔改进的西洋跳棋程序，能从棋谱中学习，也能从下棋实践中提高程序的棋艺，最后战胜了美国著名跳棋选手。

1969 年成立的国际人工智能联合会议（International Joint Conference on Artificial Intelligence，IJCAI）是人工智能发展史上另一个重要的里程碑，它标志着人工智能这个新兴研究领域已经得到了世界的认可。此后，1970 年创刊的国际性人工智能杂志《Artificial Intelligence》对推动人工智能的发展，促进研究者们的交流也起到了重要的作用。

1.2.3　人工智能的瓶颈期

在人工智能的发展取得了一些突破性进展后，人们对人工智能相关领域的投入越来越大，并且开始研究一些更加通用的人工智能系统。随着研究的不断深入，部分领域的人工智能系统却遭遇了严重的挫折。例如，在定理证明领域，计算机推理计算了数十万步，也无法证明两个连续函数之和仍然是连续函数；西洋跳棋博弈程序在战胜了部分人类棋手后，无法进一步提高，并且在更高级别的博弈中屡屡失败；人工智能对自然语言的理解和翻译方面则碰到了更大的难题，主要问题在于机器翻译无法实现准确翻译，甚至在某些情况下会出现非常荒谬的错误。

此外，虽然像人工神经网络之类的新技术拓展了人工智能的研究思路，提供了机器分类和学习的新途径，但是马文·明斯基在《感知机》（*Perceptron*）一书中却论证了单层感知机的学习能力有限问题，其中最典型的就是逻辑代数中的异或问题在单层感知机中无法实现。在很长一段时间内，科研机构对人工神经网络及其相关领域的研究经费大幅压缩，严重影响了科研人员对人工智能系统的信心，最终导致更广意义上的人工智能研究都走向了低潮。

尽管后来相关技术人员通过对人工神经网络的进一步研究发现，可以通过多层神经网络来解决逻辑的异或问题，然而这一研究成果在当时并没有挽回人们对人工智能研究的信心。人工智能逐渐进入了一个发展的瓶颈期，很多研究者称那段时间为人工智能发展的寒冬。当然，这些历史事件也证明人工智能的发展不可能像人们早期设想的那样一帆风顺，人们必须静下心来思考人工智能的未来发展方向。

1.2.4　人工智能的复苏期

1977 年美国斯坦福大学的费根鲍姆（Edward Albert Feigenbaum）在第五届国际人工智能联合会议上提出了"知识工程"的概念，并且实现了一套以人类知识表示和推理为基础的智能系统，即专家系统。所谓的专家系统，就是一种利用计算机实现自动化的知识表达和逻辑推理，从而像一个领域的专家一样解决问题的功能。知识工程概念的提出引领了人工智能研究的转向，人工智能的研究从早期的博弈、数学逻辑推理逐渐转向了关于知识表示和推理的研究。

费根鲍姆的研究团队于 1968 年成功设计和开发了专家系统 DENDRAL。该系统能够根据质谱仪的实验数据，通过分析和推理来判断化合物的分子结构。该系统的分析结果能够达到非常精确的程度，分子结构的准确率已接近甚至超过部分相关化学领域专家。更加重要的是，该专家系统的研制成功不仅为人们提供了一个实用的专家系统，而且它的设计和实现是知识获取、表示、存储技术，以及问题的推理技术上的一次非常重要的突破，为人工智能的研究方向探索了一条新的途径。

后续还有很多类似的专家系统也获得了成功，例如，矿产勘探方面的专家系统 PROSPECTOR 可以根据岩石标本以及地质勘探数据，对矿藏资源进行估计和预测。该系统还能够对矿床分布、储藏量及开采价值等进行推断，甚至可以针对特定的矿床特点，提出一些合理化的开采建议，初步实现一些决策支持系统的功能。在实际应用中，PROSPECTOR 系统成功地找到了具有巨大开采价值的钼矿。此外，斯坦福大学开发的 MYCIN 专家系统能够针对不同病菌，提供诊断建议，并在治疗细菌感染方面提出抗生素处方建议。实际应用中 MYCIN 系统也成功地处理了数百个病例，显示出较高的医疗水平。

随着专家系统在化学、地质、医疗等领域取得成功，各种不同功能、不同类型的专家系统如雨后春笋般建立起来，产生了巨大的经济效益及社会效益。专家系统从实验室走向了实践应用，也使人们越来越清楚地认识到知识工程研究的重要意义。因此，当时的研究人员开始把知识的表示和处理技术作为一种人工智能的关键性技术，并且在知识的表示、利用及获取等研究领域取得了较大的进展，特别是对不确定性知识的表示与推理方面，研究人员取得了突破，提出了很多理论和模型，比如主观 Bayes 理论、确定性理论等。对知识表示的研究也间接地影响了人工智能中的模式识别、自然语言理解等领域的发展，解决了许多人工智能理论及技术上的问题。

但是，随着人工智能的应用规模不断扩大，专家系统存在的应用领域狭窄、缺乏常识性知识、知识获取困难、推理方法单一、缺乏分布式功能、难以与现有数据库兼容等问题逐渐暴露出来。而这些专家系统和知识工程领域中出现的技术难题，驱动着人工智能在其他方向上不断发展。

1.2.5 人工智能的繁荣期

在专家系统和知识工程领域取得了一定的成功后，人工智能的研究开始逐渐走向复兴与繁荣。这时，人工智能研究的关注点已经从以建造全面智能化的机器为目标的强人工智能，逐渐转变到特定领域的弱人工智能。由于弱人工智能更加关注特定领域的问题解决，更加切合实际商业化的应用，因此相关的很多研究都获得了商业上的成功。例如，基于人工智能的逻辑模糊控制系统在控制摄像机自动聚焦、汽车刹车控制系统中的大量应用，是人工智能从计算机学科走向传统制造业的一个重大突破；人工智能在语音识别算法和图像识别算法中也获得了良好的应用，带动了传统的语音、图像处理领域的发展。

20 世纪 90 年代开始，人工智能最具影响力的研究成果还是在人机博弈方面。早在 1957 年，就有人研发了早期的计算机博弈系统，但是该系统只能在简单博弈游戏中胜利。1996 年美国 IBM 公司制造了超级计算机"深蓝"，并邀请当时的国际象棋世界冠军卡斯帕罗夫与深蓝进行了一场人机大战，最终卡斯帕罗夫以总比分 4：2 获胜。随后 IBM 公司对深蓝进行了部分升级，并于 1997 年再次挑战卡斯帕罗夫，最终深蓝以 3.5：2.5 的总比分赢得这场"人机大战"的胜利。深蓝在人机博弈方面的胜利表明，人工智能在某种程度上的确能够达到，或者超过人类的智能水平。不过，我们也应该认识到，深蓝的思维方式并不是真正对人类思维方式的模拟，而是一种在博弈算法上的实现。但是这也表明计算机能够利用运算速度上的优势间接模拟人类思维。

在人工智能的算法方面，人工神经网络和遗传算法的结合为人工智能的发展提供了新的研究方向。神经网络和遗传算法源于进化论中的"适者生存"遗传进化模型，它将神经网络结构简化，并且大幅提高了求解效率。此外，人工智能研究中还出现了一个人工生命研究领域，该领域通过对仿真模型的研究，模拟实现生命相关的进化系统。人工生命目前可以模拟单一和群体的生命形式，通过模型演示的方式帮助人们理解生命的演化机理和生命特征。

随着互联网的发展和计算机运行速度的提升，大数据、云计算、物联网等技术快速发展，这些研究领域已经实现了与人工智能技术融合发展的趋势。无论是在大数据的挖掘和处理方面，还是在分布式计算、物联网的监控管理等方面都实现了人工智能的融合应用。这种融合应用在理论研究和具体应用场景两方面都取得了骄人的成绩。也可以预见，这种融合发展将会带来人工智能研究新的爆发式增长。

1.3　实现人工智能的多种研究学派

人工智能研究的主要目标是让机器能够实现像人类一样思考、学习和行动的功能。但是，如何去模拟和实现呢？在这个问题上虽然不能说是"条条大路通罗马"，但是至少很多研究者做出了不同的尝试，也都在各自的方向上取得了一定的成果。在目前人工智能的研究中，有三种不同的研究方向，分别是符号主义、连接主义和行为主义。通常我们会在这三个不同的研究方向的基础上，将人工智能的研究者们分为三个不同的研究学派，分别是符号主义学派、连接主义学派和行为主义学派。

1.3.1　"智能的黑箱"——符号主义学派

符号主义学派又称为逻辑学派、心理学派或计算机学派，其代表人物是西蒙和纽厄尔。符号主义学派对人工智能的主要观点是物理符号系统假说，即认为只要在符号的运算上实现了相应的功能，则在现实世界中也可以实现对应的功能，也就是实现了智能。以上对符号主义的表述相对抽象，简单来说符号主义学派的观点就是，通过计算机的运算，只要能够实现对应的功能，那么就可以认为实现了智能，而具体的运算方式是无关紧要的。

此处以一个例子来简单描述符号主义的基本思想。例如，对于一个一元二次方程，作为人类，我们可以有多种求解的方式。但是对于人工智能，我们只需要按照一种特定的符号运算方式得到方程的解，就可以认为实现了这个方程求解的功能，而具体的运算方式并不影响该功能的实现。只要选择的运算方式能够得到正确的方程解，都可以认为是实现了具体的功能。

符号主义学派的观点可以看作起源于图灵提出的图灵测试。图灵测试并不关心智能化机器的实现方式，也许有很多方式，但是只要在测试中，无法判断对方是人还是计算机的概率足够高，那么就可以认为该计算机具有类似人的智力。

符号主义学派更加关注功能，因此他们把智能行为理解成为一个"黑箱"，基本思想如

图 1.2 所示。符号主义学派只关心这个黑箱能否实现正确的输入/输出，而不关心黑箱的内部构造。也就是说符号主义并不关心黑箱中使用了什么计算方法，只要能够得到正确的结果，就认为实现了对应的计算功能。

图 1.2　符号主义学派的基本思想

因此，符号主义学派会采用很多的算法，针对不同的问题进行求解。例如，在计算机博弈中，可以使用简单的路径搜索技术来实现博弈操作，即使我们不知道人类棋手在处理这样的问题时真正采用的方法是什么，但是使用路径搜索技术就可以实现博弈的功能和目标。因此符号主义的理论比较倾向于利用算法上的优势、知识表示技术和处理技术实现一些推理、规划、逻辑运算和判断等问题，虽然我们并不知道人具体是怎样存储知识和加工知识的，但是，计算机能够模拟实现这样的功能就够了。

思考与练习 1-2　"中文屋"的悖论

针对符号主义学派的基本观点，即只关心智能系统的输入、输出的功能，而并不关心具体黑箱实现，有人专门设计了一个名为"中文屋"的思想实验用来批判符号主义和图灵测试。

该思想实验是图灵测试的一个变形：实验假想有一位只说英语的人，他随身带着一个中文翻译程序工具，然后将这个人放置在一个房间内。房间里还有足够的稿纸、铅笔和橱柜。当屋外的人将写着中文的纸片送入房间后，可以得到屋内人返回的答案。屋内人并不懂中文，但因为他拥有某个特定的工具，可以输出和返回中文字条，因而让屋外人认为他懂中文。

如果仅仅根据中文屋的输入和输出，是可以判断它可以正确接收和处理中文信息的，但是屋里的人并不懂中文，那么就存在这样一个悖论：屋内人到底懂中文么？

有观点认为，单独看待屋内的人，他是不懂中文的，但是，如果把屋内的人和房间里的翻译程序作为一个整体来看，房间是理解中文的。

> **思考题 1**：你觉得屋内人是否可以被认为是懂中文的？
>
> **思考题 2**：中文屋悖论与图灵测试相比，有什么异同呢？
>
> **思考题 3**：基于以上的悖论实验，你是如何看待符号主义学派的基本观点的？

虽然受到了多方面的批评，但是符号主义学派依然是人工智能研究中的一个重要的研究流派。符号主义学派的早期工作主要集中在机器定理证明和知识表示方面。目前符号主义学派的发展面临很多困难。首先，人类的知识以及知识的关联和组合爆炸性增长，而早期的知识表示系统已经无法适应这样的增长，因此原有的"黑箱"设计已经落后，符号主义需要实现一种新的知识表示和推理方式。

其次，符号主义在一些知识推理过程中会产生组合悖论。所谓组合悖论就是两个都是合理的命题，但是合起来就变成了没法判断真假的句子了，因此符号主义的"黑箱"在机器定理证明的过程中也陷入了困境；最后，人可以在实际生活中通过抽象和概括得到新的概念和知识，但是智能系统却很难通过对现有知识的抽象和概括提取出新的概念。

总之，符号主义学派这种通过"黑箱"的形式来模拟人类思维的过程会遇到各种瓶颈和制约，因为，毕竟黑箱内是各种模拟人脑的算法，并不能真实表示人脑的结构。

1.3.2　"黑箱的内部"——连接主义学派

连接主义学派有时也被称为仿生学派或生理学派。连接主义学派的早期代表人物有麦卡洛克（McCulloch）、皮茨（Pitts）、霍普菲尔德（Hopfied）等。连接主义学派的主要观点是，大脑是一切智能的基础，想要实现人工智能，就需要从最底层开始模拟实现人类大脑的结构和功能。因此连接主义学派关注大脑的神经元结构及其连接机制，并且试图通过相关研究揭示人类智能的原理和本质，并在机器上实现真正的智能化。

从"黑箱"出发，我们就可以看出连接主义和符号主义的区别，如图 1.3 所示。连接主义学派从人类的大脑开始，通过模拟大脑的方式定义"黑箱"的内部结构。连接主义学派希望从神经结构的角度来模拟智能系统的运作，而不局限于系统的输入和输出。因此，从这一角度看，连接主义学派对人工智能的研究比符号主义学派更加深入。

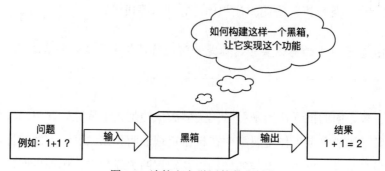

图 1.3　连接主义学派的基本思想

　　在生物学发展的基础上，连接主义学派从神经元细胞入手，致力于在计算机中重构人脑的神经模型，并实现真正意义上的人工智能。在 20 世纪 60 年代到 70 年代，连接主义学派强调通过感知机来模拟人脑的构造和功能，但是受到当时生物学理论、计算机技术的限制，并未取得非常好的研究成果。此外，由于感知机功能上的不足，连接主义学派的研究于 20 世纪 70 年后期进入低潮。直到 20 世纪 80 年代鲁梅尔哈特（Rumelhart）等人提出多层神经网络，以及实现了反向传播算法后，连接主义学派才重新得到了人们的重视。

　　连接主义的主要研究成果都集中在人工神经网络的研究上，即通过计算机模拟大脑神经元的结构和基本功能，实现一个人造的神经网络结构。人工神经网络通过模拟神经元细胞的激活及抑制等功能，能够实现一些基本的逻辑判断。此外，通过对模拟的神经元细胞的激活方式进行不断调整和改进，甚至能够实现智能机器的自我学习和自我改进。连接主义学派在解决模式识别、聚类分析等非结构化的问题方面具有很大的优势，但是在传统的机器定理证明、问题求解和逻辑推理等方面的优势并不突出。连接主义学派在创建人工智能系统的思想和方法上，把人工智能的研究推向了新的高度。

　　目前，人工神经网络的相关研究取得了很大的成就，尤其在机器学习和深度学习的概念提出之后，更是获得了突破性的进展。例如，2016 年 3 月，由谷歌开发的采用了深度学习技术的人工智能围棋程序 AlphaGo 战胜了围棋世界冠军、职业九段棋手李世石。在 2017 年 5 月，在中国乌镇围棋峰会上，他又与排名世界第一的围棋世界冠军柯洁对战，以 3 比 0 的总比分获胜。目前，围棋界已经公认 AlphaGo 的棋力超过人类职业围棋顶尖水平。

在机器翻译、语音识别和图像识别上，深度学习技术也已经取得了极大的进展，并已经进入了实用阶段。

但是，这些在个别领域内获得的成功并不意味着连接主义学派的智能系统就可以真正达到人类的智能水平。目前要创建和实现完全意义上的连接主义学派的智能系统也面临极大的挑战。因为到现在为止，人们并不完全清楚人脑中神经元细胞更深层次的工作原理，也不清楚神经元细胞对知识的表示和概念生成的机制，因此，现在的人工神经网络与深度学习的研究实际上与人脑的真正机理还有很大的差距。

1.3.3 "动作和控制"——行为主义学派

行为主义学派又称为进化主义学派或控制论学派。行为主义学派在人工智能的研究中，更加关注模拟和实现人类的动作技能。行为主义学派综合应用控制理论和信息技术，认为人类的智能行为是一种通过感知外部环境做出反应的系统化过程。简单来说，行为主义并不关心知识、概念的表示和形成，而仅仅关注外部的行为表现。因此，早期行为主义学派的研究重点就是模拟人的感知和行为，创造一个能够对外部刺激做出正确反应的机器人系统，更加关注系统控制过程和智能化的刺激反应过程。

行为主义学派目前发展迅速，尤其在工业领域取得了一定的成就。例如，波士顿动力公司设计和制造的人形机器人可以做高难度的后空翻动作；该公司设计制造的机器狗可以在任何地形负重前行，并能够准确识别各种复杂地形。目前各种仿真机器人已经被广泛应用到工程、矿业、电力、安全、卫生等领域。此外，在制造业中，大量使用的机械手臂等精密设备也可以看作一种机器人的具体应用类型。

与人工智能的另外两个学派相比，行为主义学派更加关注底层的智能形式，关注模拟人类或者动物的身体运作机制，而不是智能的核心机构——大脑。虽然行为主义学派对人工智能的理解与我们日常所理解的具备"智慧"的设备不同，更像一个精密机械，但是，为了更加全面地模拟人类的智能系统，外部的环境感知系统和机械控制系统都是必不可少的组成部分。

总的看来，人工智能的三个学派分别从不同层次来模拟人类智能，但是现实中人类的智能应该是一个完整的整体，未来的人工智能必须要将其融合在一起。因此，如何在现有的技术条件下，综合、协调这三大学派对人工智能的理解以及在人工智能上的应用和实践，是一个很困难的问题，而且似乎也无法在短时间内实现技术的全面融合。但是，人工智能的研究目前在各个领域都不断取得突破，最终还是会实现多种技术的融合，并达到一个新人工智能阶段。

1.4 人工智能对社会生活的影响

目前人工智能在理论研究上正在不断完善，技术应用方面也取得了一定的突破性成果。人工智能不断在科学研究、医疗卫生、日常生活、工业制造等多个领域发挥着重要作用，影响着社会生活与生产的方方面面。因此，我们更加应该了解和熟悉人工智能的一些基本理论知识，这样才能更加有效地应用和发展人工智能，促进社会的信息化发展。

目前人工智能的理论研究分为专用人工智能和通用人工智能两个方向。所谓的专用人工智能，是指专门解决特定问题的，具有特定功能和类型的人工智能系统。例如，围棋程序、图像识别系统等都是专用人工智能，它们的应用领域明确局限于围棋博弈和图像识别中，并不能实现国际象棋的博弈，或者语音识别的功能。专用人工智能由于应用场景和功能需求相对简单，因此设计和开发的难度较低，也更加容易取得较好的应用效果。例如，人工智能程序在大规模图像识别中达到了超越人类的水平；人工智能系统在诊断皮肤癌方面甚至可以达到专业医生水平。

通用人工智能系统的概念是澳大利亚学者胡特（Hutter）在 2000 年提出的，胡特批评当前的专用人工智能系统，认为它们并不是一个完整的智能化系统，因此真正模拟人类的智能，需要创建一种通用人工智能，它不仅可以处理视觉、听觉方面的问题，还可以实现学习、思考、判断等多种功能。因此通用人工智能本质上就是把智能看作一个整体，而不是若干分离的子系统。这样的一个通用人工智能系统也可以被看作专用人工智能系统的综合。目前在通用人工智能领域的研究与应用仍处于起步阶段，但是我们也应当看到，随着各个专用人工智能系统的不断发展，通用人工智能的研究正在逐步走向深入，也许在不久的将来通用人工智能就会影响我们的生活。

当前人工智能在图像识别、语音识别、语音控制等领域已经得到了广泛应用。在大数据系统和云计算的支持下，人工神经网络和深度学习的研究正在不断深入，可以预见，今后人工智能将不断与其他领域实现深度的融合，推动社会信息化水平进一步提升。

纵观人工智能的发展历史，其目标始终是建立一套真正意义上的通用人工智能。因此，从目前的专用人工智能系统逐步走向通用人工智能，是人工智能发展的必然方向。

1.5　本章内容小结

人类几千年来都在不断地探索和认识自己，希望能够创建一种"人工"的智能体，但是直到图灵机模型和图灵测试的提出，科学家们才真正开始利用科学的手段来思考和解决这个问题。现代人工智能的研究开始于达特茅斯会议，经过近 70 年的不断努力，目前人工智能研究已经取得了丰硕的成果。本章主要通过对一些历史事件的回顾，简单梳理了人工智能研究的发展脉络，并对人工智能中的一些基本概念进行了简单描述。这些基础知识贯穿着人工智能研究的各个方面。这些概念在今后的学习中会反复应用，是本书的基础和重点。

1.6　本章练习题

1.（单选题）关于人工智能的发展叙述正确的是（　　）。

A. 人工智能开始于图灵测试

B. 图灵机就是一种人工智能的实现

C. 现代人工智能开始于达特茅斯会议

D. 在达特茅斯会议之前，人们对人工智能一无所知

2.（单选题）符号主义对人工智能的基本观点是（　　）。

A. 人工智能也需要完全实现人类大脑的神经元回路

B. 人工智能的研究只需要关心系统的输入/输出

C. 通过信息的检索实现问题的解决不能算是真正的人工智能方法

D. "中文屋"并不是人工智能

3.（单选题）神经网络的研究可以认为属于（　　）学派的研究领域。

A. 符号主义　　　B. 连接主义　　　C. 行为主义　　　D. 以上均不正确

4．（单选题）机械手臂的研究可以认为属于（　　　）学派的研究领域。

A．符号主义　　　B．连接主义　　　C．行为主义　　　D．以上均不正确

5．（多选题）下面关于人工智能的描述错误的有（　　　）。

A．汽车的智能驾驶就是人工智能的一种应用

B．目前人工智能已经全面超过人类的智能

C．人工智能是研究利用计算机技术模拟、延伸和扩展人类智能形式的理论、方法和技术

D．弱人工智能并不是一种人工智能

6．（多选题）以下论述正确的有（　　　）。

A．通用人工智能就是强人工智能

B．专家系统所实现的人工智能能够在特定领域发挥重大作用

C．神经网络是连接主义学派的研究重点

D．图灵测试是判定人工智能的唯一标准

7．我们应当如何理解强人工智能和弱人工智能？

8．简要叙述"中文屋"悖论，谈谈你是如何理解人工智能的？

9．举 3 个例子说明日常生活中我们都使用了哪些人工智能技术。

第 2 章

问题求解和知识工程

本章学习重点

- ○ 熟悉和了解问题求解过程，以及该过程常用的搜索技术

- ○ 了解启发式搜索和盲目搜索的区别

- ○ 了解计算机内知识的表示形式和基本特点

- ○ 了解计算机内进行知识推理的简单过程

- ○ 熟悉人工智能早期专家系统的基本工作原理

- ○ 了解当前的知识工程和知识图谱技术及其应用领域

本章学习导读

为了更好地理解和掌握人工智能的相关知识，需要从经典人工智能理论入手，掌握必要的理论知识，才能为后续的学习打下坚实的基础。本章主要介绍经典的问题求解和知识工程体系，如图 2.1 所示，其中包括经典的搜索技术和问题求解技术，知识的表示和逻辑推理，

专家系统及知识工程技术四大类。

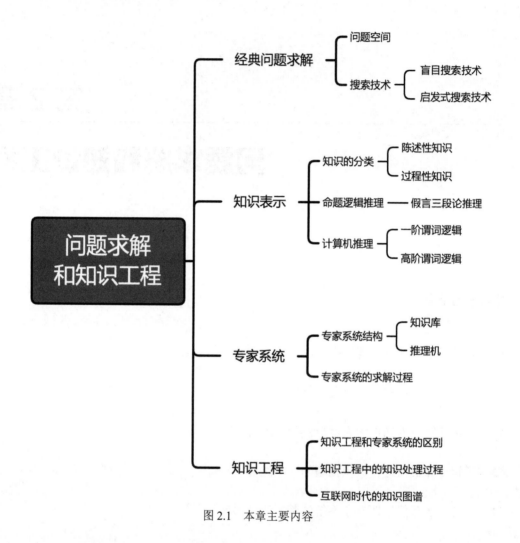

图 2.1　本章主要内容

　　本章的学习重点是符号主义学派早期的研究内容，其中搜索技术和问题求解技术是从算法的角度来表示如何快速查找问题的解。通过特定算法来实现问题的快速求解是人工智能研究的基础，甚至现代人工智能应用场景中的很多问题，也必须在这些经典人工智能理论的基础上进行设计和实现。例如，谷歌公司设计的战胜围棋世界冠军的 AlphaGo，虽然主要使用的是深度学习技术，但是其基础部分仍然是传统的博弈算法，而深度学习技术只不过在评价棋局与特定的功能上发挥作用。

知识的表示和逻辑推理主要研究如何对人类的知识进行计算机化表示,并通过计算机进行知识的逻辑推理来寻求问题的解决。通过应用搜索技术进行问题求解和利用知识表示进行逻辑推理这两种方法,我们也可以体会到符号主义学派中对问题求解的不同实现形式。

专家系统和知识工程着重研究知识的获取和表达、推理能力的设计。随着大数据的广泛应用,只有进行系统化的知识工程建设,才能够积极迎接全面数字化的时代。

2.1 搜索技术和问题求解

在早期人工智能的相关研究中,科学家希望能够通过智能系统实现一些基本的问题求解过程,包括机器定理证明、博弈等。针对这些特定问题,科学家们普遍希望通过使用更加精确和高效的计算机算法来解决。这里所谓的算法,可以认为是一种专门编制的机器运行指令,这些指令运行的效率可以认为在一定程度上代表着计算机解决问题的效率。例如,对于常见的一元二次方程求解的问题,具体的解题方式有很多,运行速度也有差别,如果一个算法能够在非常短的时间内回答出正确答案,那么就可以认为这种人工智能效果好。也就是说,早期人工智能的研究更加重视通过使用运行效率更高、更可靠的算法来解决实际问题。

2.1.1 问题求解——按照既定的步骤操作

问题求解过程可以表示为一组状态转换的过程,即如果一组操作序列能够将问题从初始状态转换进入最终的目标状态,那么这样的一组操作序列就是一个问题的解。因此适当的操作序列实质上就形成了一个到达目标状态的方案。简单来说,基于题目给定的问题空间(问题域),从某个初始状态开始,通过序列化的操作到达最后需要的目标状态。而搜索技术研究的就是如何快速找到这样的一组操作序列。

对于问题的状态和操作序列,使用计算机博弈来解释比较容易理解。在计算机博弈中,双方在开局时整个棋盘的棋子布局就是一个初始状态,棋手移动一个棋子就是一个操作步骤,并且移动棋子之后,就会从初始状态转换到一个新的、临时的状态。整个博弈过程就是找到最终的，让对方无法移动的状态。因此，问题求解就是找到这样的一系列移动棋子的方式的过程。在问题求解过程，使用搜索技术还需要判断解决方案是否正确，如果方案能够通过验证，那么这一方案就可以认为是问题的解。

思考与练习 2-1　传统查找和问题求解

传统的查找通常使用数据的匹配和比对技术，例如，表 2.1 表示某个年级的学生名单及某次考试成绩。

表 2.1　考试成绩

考号	姓名	性别	班级	语文	数学	英语	物理	化学	体育	实验	信息	总分
1020	王涛	女	一班	86	74	76	72	46	30	15	5	404
1021	刘哲轩	女	二班	89	88	87	84	70	23	14	3	458
1022	王跃	男	三班	80	71	61	77	84	30	14	5	422
1023	陈盼盼	女	一班	76	74	70	64	83	30	15	6	418
1024	张夏东	男	三班	82	67	25	72	82	25	12	7	372
1025	王小立	女	一班	83	93	52	69	89	29	15	5	435
1026	张晓晓	男	一班	95	74	97	76	61	26	10	3	442
1027	刘鹏菲	女	二班	83	77	79	77	64	28	15	4	427
1028	王肖禄	男	一班	95	91	99	84	89	30	17	8	513
1029	王耀	女	一班	78	58	70	55	72	28	12	6	379
1030	程小哲	女	三班	30	15	14		19		9	3	90
1031	郝海波	女	一班	76	73	75	71	62	29	13	8	407
1032	王国梁	男	二班	98	96	92	76	64	30	15	7	478
1033	杨广范	男	三班	86	80	89	85	67	30	14	0	451
1034	张之宁	男	一班	95	74	97	76	61	26	10	3	442

注：体育 30 分为满分，实验 20 分为满分，信息 10 分为满分，其他科目 100 分为满分。

当我们需要查找指定学生"陈盼盼"的所有成绩时,传统查找的过程就是将所有的姓名与目标词语"陈盼盼"进行比对,当完全匹配时就表示查找成功。但是,在问题求解的过程中,搜索过程并不是这样,其主要区别在于人工智能的问题求解过程更为复杂,一次匹配查找不能实现求解目标,最终的求解目标需要由多次相互关联且不同的搜索和判断组成。每一次的查找都会决定下一步操作所要采用的具体搜索形式。

思考题: 我们要查找该班级所有姓氏为"王",每门课成绩都达到良好以上,并且总分达到 400 分的同学。这时应当如何分步骤实现这样的搜索?请解释各个步骤中的问题空间是什么样的。

总而言之,为了获得一个问题的解,首先需要确定问题空间。通常情况下问题空间是一个物理空间或者一个状态空间。例如,地图上的路径规划就是一个物理空间,博弈时棋盘上棋子的摆放也是一个物理空间。我们在计算机内进行操作序列的规划时,就是将地图、棋盘这样的物理空间转换成为一个问题空间。我们关注从起始位置到目标位置的一系列移动操作过程,而计算机内的问题空间则表示目标的属性或者状态的转换。

在问题空间的搜索过程中,如果实施了第一步操作,整个问题也会随之发生变化,最显著的就是由于当前的位置或者状态的改变,将会产生许多新的操作步骤。在解决问题的过程中,有时操作步骤会进入一个最终无解的死循环状态,有时会产生多个使问题得以解决的操作序列。因此,一个复杂的问题可以出现许多解决方案,其中有最优解决方案,也会有很多一般性的解决方案,搜索技术就是要寻找一组可以操作的操作序列,表示从问题的初始状态出发,最终可以到达问题解决的目标状态,这组操作序列就是问题的解。

思考与练习 2-2　地图中路径的搜索技术

图 2.2 所示为一幅地图,其中的 A、B、C、D、E 表示五个站点,如果程序需要从 A 点乘坐交通工具到达 E 点,那么选择一条最合适的路线的过程就是搜索技术需要解决的问题。

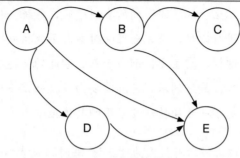

图 2.2　路径搜索技术

问题要求从初始状态 A 点到达最终的目标状态 E 点，问题空间就是这个问题的基本条件和状态，包括初始状态、当前状态、目标状态以及各种辅助环境的基本条件等。当选择第一步操作为从 A 点到达 C 点时，问题空间的基本状态就会发生变化，产生新的操作步骤，且这些路线可能是最优解决方案，也可能是一般解决方案，甚至可能产生无效解决方案。

思考题 1：请列举出从 A 点到 E 点的所有解，并选出最优解。

思考题 2：如果站点之间的路费有差异，那么评价最优解时会发生什么变化？

2.1.2　盲目搜索技术

盲目搜索技术也称为非启发式搜索技术，是一种通过暴力方式按预定的搜索策略进行搜索，并且搜索过程中不会考虑到问题本身特性的一种基本搜索算法。这里需要注意的是，算法中的暴力方式，是指通过尝试所有可能性进行问题求解的基本方式。

例如，一个密码箱的密码由四位数字组成，每位数字的范围是 0～9，那么暴力破解方式就是依次测试所有可能的密码，即从 0000 开始依次到 9999。盲目搜索算法的应用范围较广，但由于其只注重于搜索过程，忽略了对搜索目标的直接指向性，因而整体运行效率较低。

在讨论盲目搜索技术前，先简单介绍一下计算机科学中的数据结构（Data Structure）的基本概念以及相关术语。计算机科学中的数据结构是指带有结构特性的数据元素的集合，是相互之间存在一种或多种特定关系的数据元素的集合。其中的结构就是指数据元素之间存在的关系。

计算机科学中常用的基本数据结构有很多种，比如数组、队列、字典等，其中较为重要的数据结构是"图"和"树"两种。图是一个用边或者弧连接起来的有限顶点的集合，图中可能存在回路（即可以最终由一条弧返回初始点）。图的弧可以是无方向性的（即弧不表示方向，只表示连通与否），也可以是有方向性的。无向弧组成的图称为无向图，有向弧组成的图称为有向图，两种图都具有连通性。图中的任意节点都可以通过一条路径连接起来。如果一个图的每个节点都通过一条弧与其他节点相连，则称该图为完全图。其中，不包含任何回路的特殊连通图称为树，即树可以看作一种特殊结构的图。

如图 2.3 所示就是图的两种表示。图中包括 A、B、C、D、E 共 5 个节点，4 条弧都带有方向性，其中左图和右图完全等价，只是排列方式不同，但是右图在形式上更像一棵"树"。通过对比图 2.2 和图 2.3，我们就可以了解到问题求解过程中使用数据结构来表示数据之间关系的重要性了。

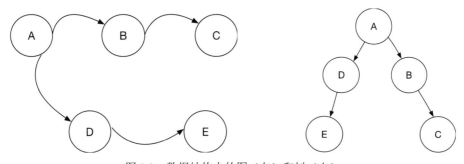

图 2.3　数据结构中的图（左）和树（右）

盲目搜索技术中有两种常用的基本搜索模式，分别是"生成—测试法"和"随机搜索法"。"生成—测试法"的基本原理是首先生成一个可能的解，然后再对该解进行检验，检验其是否问题的真实有效解。在整个搜索过程中，如果找到了问题的真实有效解，则结束搜索；否则就重新生成另一个解，并继续进行检验。需要注意的是，通常在搜索过程中并不记录之前已经生成过的解，而只是不断生成新的可能解。

"随机搜索法"是在当前的状态下随机选择下一个状态，如果能够直接达到目标状态，使问题得以解决，则得到了问题的解；否则再随机选择另外一个操作并持续进行搜索。"生成—测试法"和"随机搜索法"是真正的盲目搜索技术，它们有可能陷入死循环，也有可能无法正确找到问题的解。

目前盲目搜索技术中常用的计算机算法有深度优先搜索算法、广度优先搜索算法、迭代深化搜索算法、双向搜索算法、代价一致搜索算法等。在众多搜索算法中，深度优先和广度优先搜索算法是盲目搜索的基础。

其中深度优先搜索算法是从树的根节点出发，首先搜索每一个分支直到分支的最深节点，然后再返回到先前未搜索过的分支，并重复上述搜索过程，直至到达该分支的最深节点。广度优先搜索则正好相反，该算法从根节点出发并按照节点和根节点之间的距离关系，先搜索距离最近的节点，再搜索距离次近的节点，并以此类推。每一种搜索算法都有其应用场景和算法上的优势，盲目搜索技术本质上还是一种穷举类型的搜索算法，它不使用任何启发式信息来引导节点的搜索过程，因此整体运行效率低。

思考与练习 2-3　如何理解深度优先算法和广度优先算法

如图 2.3 中右侧的树所示，深度优先算法需要搜索每一个分支节点，直到其最深的节点，因此，如果从根部 A 节点开始，先走左侧分支，那么它需要走过的路是 A—D—E；然后再走右侧的分支 A—B—C。

广度优先算法则先搜索最近的节点，并以此类推，因此，完成整个树的检索，走过的路应当是 A—D—B—E—C。

思考题：请尝试绘制一个更加复杂的树，并且用深度优先算法和广度优先算法来模拟搜索过程。

2.1.3　启发式搜索技术

启发式搜索是指在搜索算法中结合了启发式信息（又称为提示信息），从而能够确定问题空间中所有状态的优劣信息，从而提高搜索的效率，其中启发式信息是指可能有助于解决给定问题的经验法则。通常情况下，搜索中的启发式信息被用来指定节点之间的扩展策略。

　　同样以 2.1 节提到的盲目搜索技术的密码箱例子为例，假设一个密码箱的密码由四位数字组成，每位数字的范围是 0～9，那么盲目搜索技术就是需要依次测试密码的所有可能性。但是，如果我们已经获得了部分启发式信息，例如，密码箱主人不喜欢，并且从不使用数字"4"，非常喜欢使用数字"6"和"8"，那么根据这些信息，搜索将不会像盲目搜索技术那样进行依次测试，搜索效率也会大幅提高。目前常见的启发式搜索方法包括最佳优先搜索、A*算法、迭代改进算法、约束满足搜索等。

思考与练习 2-4　非启发式搜索和启发式搜索的对比

　　启发式信息在搜索算法中对于提高搜索效率非常有用。例如，表格 2.1 中记录了班级的成绩，我们要查找该班级所有姓氏为王，每门课成绩都达到良好，并且总分达到 400 分的同学。在没有启发式信息的情况下，对于以上的搜索要求，如果使用生成—测试法进行盲目搜索，那么需要判断所有同学是否姓王，判断他们的成绩等其他条件，因此搜索过程中会有很多无效的操作。

　　思考题： 如果我们提供了这样一条信息——"信息课成绩 10 分以上才是优秀并且信息课得到优秀的非常少"，那么我们基于这条启发式信息，应当如何进行搜索？

　　当然，实际应用中启发式搜索技术的实现过程比较复杂，密码箱的例子只是一个简单的表述。在启发式搜索技术的常用算法中，通常会根据启发式信息制订一个启发式函数，并在启发式函数的基础上生成一个估价函数，用来计算下一个访问节点的优劣属性。这样算法就可以在估价函数的基础上对下一步节点进行优先度排序。最后才能在局部最佳的候选点挑选整个问题的解。但是在使用启发式搜索技术时，通常会出现局部最优解和全局最优解的冲突。如图 2.4 所示，其中的 A 点、B 点就是两个局部最优解，C 点才是全局最优解。但是实际应用中，往往 A 点、B 点也满足爬山算法的最优解判定条件，因此还需要使用一些特殊的处理

方式进行优化，才可能避免这一问题的产生。

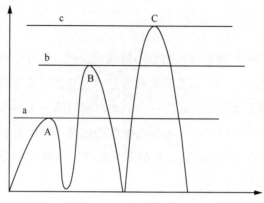

图 2.4　局部最优解和全局最优解

　　产生这种问题的主要原因在于，进行最优解判定时的启发式搜索算法无法预测当前点是否全局的最优解。例如，我们通常使用当前点的切线 a，b，c 的斜率作为判定标准，然后发现，三条切线全都满足条件，但实际上只有切线 c 处的 C 点才是全局最优解。

　　启发式搜索技术通常会使用旅行商问题来帮助理解基本的算法规则。在旅行商问题中，首先会给定一组每座城市与其他城市之间的旅行成本，目标是找出一条经过所有城市的路径，要求该路径只经过每座城市一次，并且旅行总成本最低。旅行商会从任意一座城市出发，经过其他城市之后，再回到出发城市结束旅行。

　　旅行商问题是一个非常有趣的问题，同时它也具有重要的实际意义，例如该问题可以要求时间能够达到最低的货物运输要求等，这些都和我们的日常生活息息相关。使用人工智能进行公路、铁路的路径规划，以及城市建设等问题，本质上都是使用启发式搜索技术建立最优解的问题。

2.2　知识在计算机内的表示方式

　　人工智能中的"知识表示"是指计算机系统内表示人类的知识体系的形式，也可以认为是将人类的知识体系简明扼要地转换为计算机系统能够识别和操作的形式。只有在计算机能够处理和操作这种形式的知识，并且利用其进行推理时，知识表示的具体形式才有意义。从强人工智能的角度看，知识表示的研究本质上还是认知科学研究的问题，即弄懂人类知识的认知方式和推理过程。许多早期的知识表示规范都是从认知科学的研究出发的。

2.2.1　陈述性知识和过程性知识

为了实现计算机内的知识表示，首先需要对人类日常的知识进行分类。早期的人工智能研究主要关注陈述性知识和过程性知识这两种类型的知识。陈述性知识也称为描述性知识，是一类可以表示为命题或者声明的知识。命题是现代逻辑学中的一种概念，一般情况下，可以把判断某一件事情的陈述句叫作命题。

陈述性知识是指能直接加以回忆和陈述的知识，主要用来说明事物的性质、特征和状态，用于区别事物。例如，"这朵花是红色的""这朵花不是绿色的""现在是下午三点整"等，都表示一个陈述性知识，它们以一个命题的形式表示。陈述性知识的获得是指新知识进入原有的命题网络，与原有知识形成联系。

过程性知识是可以使用产生式方法来表示的知识，其主要特点是通过具体的过程性操作来表示。例如，"在 XXX 前提条件下，能够得到 YYY 的结果""一些直线平行于同一条直线，则它们也互相平行"，这一类知识就是过程性知识。过程性知识在程序推理系统中应用广泛。

在知识的表示中，还有一个重要的概念——语义网络。语义网络由奎林（J. R. Quillian）于 1968 年提出，其基本思想是以网络来表达人类所有知识的组织形式。语义网络的意义在于模仿和表示人类各类知识之间的相互关系，即人类的知识并不是孤立存在的，各个知识点之间存在千丝万缕的联系。例如，"老虎是哺乳动物""哺乳动物是胎生的""狮子也是哺乳动物"，这三个陈述性知识之间就存在着联系，而它们之间的具体关系，在计算机内可以通过语义网络的形式进行表示。

语义网络最初是按照人类联想记忆方式进行建模的，随后开始广泛应用于人工智能领域中命题的信息化表示和自然语言理解。语义网络在数据结构上是一种图的形式，其节点是一个独立的知识点，弧是知识点之间的关系表述。

思考与练习 2-5　语义网络基本形式

如图 2.5 所示，语义网络把大量的事实和知识，按照各自之间的关系组织到一个网状的数据结构中。通常矩形表示对象，箭头表示关系，这样形成的网络可以不断拓展，新的事实可以不断添加进网络中，重新组织网络的结构，这也表示我们的知识在不断增长。

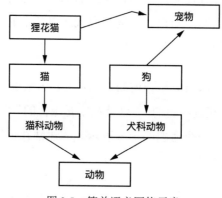

图 2.5　简单语义网络示意

思考题：在图 2.5 的语义网络中，如果新学习到了一个概念"老虎"，并且已知老虎是一种危险的野生猫科动物，那么这个语义网络应该怎样添加新对象"老虎"？最终会形成什么样的结构呢？

2.2.2　从已知到未知的逻辑推理

在人工智能的研究中，实现知识表示的最终目的是利用已知的知识解决未知的问题。也就是说不能只将知识作为系统内存储的事实资料，更重要的是进行知识的管理、提取和推理。计算机内实现知识的表示只是人工智能领域的基础工作，在形成知识库的基础上，还要进行推理判断，得到新的知识或者结论。因此，就需要在命题的基础上通过命题逻辑的方式进行知识的加工和处理。

人工智能中的命题是指具有具体意义的，又能判断它是真还是假的句子。例如，"三角形的两边之和大于第三边"就是一个命题，它表示了具体的含义，并且能够判断其为"真"；"三角形内角之和大于 360 度"，也是一个命题，只是其为"假"命题。

命题逻辑用命题的形式来表示知识的系统，它是以逻辑运算符结合原子命题来构成代表"命题"的公式，以及允许某些公式建构成"定理"的一套形式证明规则。其中原子命题是一种最基本的命题形式。命题逻辑的演算是用来证明有效的公式和论证的逻辑系统，是公理或公理模式的集合，也是推导有效的推理规则。

命题逻辑的演算有几个基本的推理规则，例如假言三段论、拒取式等。其中较为著名的推理规则是假言三段论，其基本形式可以表示为大前提、小前提和结论，如下所示。

大前提：所有人都会死亡。

小前提：苏格拉底是人。

结论：苏格拉底会死亡。

应用这些关于命题的推理规则，我们可以从给定的一组假定为真的公式中推导出其他结论为真的公式，也就是说计算机系统可以从现有的知识中推理得到新的知识。但是这种命题逻辑的演算也具有一定的局限性，尤其在推理中变量过多，或者知识库过于庞大的情况下，命题逻辑的演算就显得有些力不从心了。

2.2.3　通过计算机实现推理的过程

命题逻辑是我们日常使用的推理逻辑，在计算机中则需要使用谓词逻辑进行简单的逻辑推理。谓词逻辑一般被称作一阶逻辑，在谓词逻辑中通常认为知识是由常量、谓词和一组函数组成的。其中，常量表示知识的对象，谓词表示知识之间的关系，函数则表示知识之间的间接引用。通过谓词逻辑可以增强知识的表示和归纳能力。

在谓词逻辑中，首先需要区分原子命题和复合命题。原子命题是指由谓词定义常量间的关系及其属性的命题。例如，"小红是学生"就是一个原子命题，它通过谓词"是"表示了常量"小红"的一种属性特点。当然，在计算机中并不是以"小红是学生"这种语句形式表示原子命题，而是下述形式。

```
STUDENT（小红）
```

其中 STUDENT 就是谓词函数，"小红"就是常量。

在理解谓词逻辑时，需要注意常量是可以独立存在的事或物，包括实物或者精神；谓词则是用来刻画个体词的性质的词，即刻画事和物之间的某种表现关系的词；复合命题是指使用与、或、非、逻辑条件等连接词，将多个原子命题组合而成的。例如，"小红是学生，并且小明也是学生"这个复合命题就将两个原子命题通过与组合成一个复合命题。

谓词逻辑中除常量外还有变量，其中的变量表示一个非特定的对象，例如："X 是小红的同学"命题中的 X 是一个非特定的对象，我们可以通过这样的命题推理得到 X 也是学生的结论。

此外，谓词逻辑中还使用量词来表示变量的数量，量词又可以分为全称量词和存在量词。例如，"存在一个人，他是名学生"这个命题中用的就是存在量词；"所有的小学生，都是学生"，则使用了全称量词来表示对象的范围。这样就可以在已经建立的知识库的基础上，结合谓词逻辑进行知识的逻辑推理，例如，由"小红是小学生""所有的小学生，都是学生"这两句话，我们就可以得到"小红是学生"这个命题。

以上举的例子都属于一阶谓词逻辑。在一阶谓词逻辑中，谓词的参数要么是变量，要么是常量。但是，如果谓词的参数也是谓词，那么这样的谓词逻辑就是二阶谓词逻辑。二阶及以上的谓词逻辑统称为高阶谓词逻辑。因此，从本质上说高阶谓词逻辑其实就是一个谓词的嵌套过程。高阶谓词逻辑更加符合我们日常的知识表示形式，也具备更加复杂的表达能力。但是因为高阶谓词逻辑在模型构造上过于复杂，所以它们在很多应用中并不能发挥很好的效果。此外，经典高阶逻辑不容许可靠和完备的证明演算，这一点也限制了它的应用范围。

在人工智能领域，通常使用 Prolog 语言表示知识和知识的推理，这样可以在一定程度上解决问题。在使用 Prolog 语言进行谓词逻辑知识推理的过程中，首先需要定义知识库，即建立大量相关的原子命题和复合命题，然后需要定义一系列的规则，最后在此知识库和规则的基础上进行知识推理和问题解决。

谓词逻辑特别适合构建基于规则的专家系统、决策支持系统等。谓词逻辑的推理机制有其特殊之处，以 3.4 节将介绍的深度学习为例，深度学习是从特殊的样本出发归纳出一般性的结论，而谓词逻辑则是从一般性的规则出发推导出特殊情况下的结论，这是两个截然相反的过程。从本质上说，人的大脑可以看作这两个过程的完美结合体，既可以实现从特殊到一般的归纳，也可以实现从一般到特殊的演绎。

2.3 像专家一样解决问题

专家系统是一种模拟人类特定领域的专家解决该领域内问题的计算机程序系统。简单地说，专家系统就是一个储存了大量的某领域一个或多个专家提供的知识和经验的程序系统，它能够根据这些知识和经验进行问题的推理和判断，在一定程度上模拟人类专家的决策过程，以解决那些需要人类专家处理的复杂问题。专家系统作为人工智能中的一个重要的应用工具，实现了人工智能从理论研究走向实际应用、从一般推理策略探讨转向运用专门知识的突破。

2.3.1 专家系统的发展历程

专家系统是早期人工智能的一个重要研究内容，它可以看作一类具有特定领域知识和经验的计算机智能程序系统，一般采用人工智能中的知识表示和知识推理技术来模拟由领域专家才能解决的复杂问题。

20 世纪 60 年代初，出现了基于逻辑学和认知心理学的，能够模拟人类的认知形式的一些通用问题求解程序，它们可以证明定理和进行逻辑推理。但是这些通用的逻辑推理程序只能解决数学定理证明、人机博弈等一些专业问题，无法解决更加通用的实际问题。人工智能不能很好地处理因这类实际问题而产生的过于庞大的问题空间。

1968 年，费根鲍姆的研究团队在总结之前人工智能系统在通用问题求解系统方面的成功与失败经验的基础上，结合化学领域的专门知识，开发了世界上第一个专家系统 DENDRAL，该系统可以推断化合物的分子结构。在之后的 20 多年间，知识工程、专家系统的理论和技术不断发展，影响了包括生物、医学、气象、地质勘探、自动控制、计算机设计和制造等众多领域。

早期的专家系统以 DENDRAL、MACSYMA 为代表，集中在一些专业领域解决专业的复杂问题，但在体系结构的完整性、可移植性和灵活性等方面存在缺陷。以 MYCIN、CASNET 等专家系统为代表的应用型系统可以被看作第二代专家系统，其体系结构更加完整，可移植性更强，并且在系统的人机接口、解释机制、知识获取技术、不确定推理技术等方面都有所改进。第三代专家系统属于多学科综合型系统，是综合采用各种知识表示方法、知识工程方法，多种推理机制和控制策略，运用更加专业的开发工具和系统平台来研制的大型综合专家系统。

目前专家系统在总结之前设计方法和实现技术的基础上，逐渐开始与人工神经网络相结合，形成多种知识表示、综合知识库、自组织解题机制以及多学科协同解题的大型协作的形式。

2.3.2 专家系统的基本结构

专家系统的体系结构随专家系统的类型、功能和规模的不同而有一定的差异。但是一般情况下，专家系统都是由知识库、推理机、解释器、综合数据库、知识获取和人机交互界面等多个部分构成的。系统中的知识存储和管理，以及运用知识进行问题求解是专家系统的两个最基本的功能。

为了使计算机能储存和应用专家的领域知识，必须要采用一定的方式表示知识。目前常用的知识表示方式有产生式规则、语义网络、框架、状态空间、逻辑模式。其中，基于规则的产生式系统是实现知识运用的一种最基本的方法。

产生式系统由综合数据库、知识库和推理机三个主要部分组成，综合数据库包含关于求解问题的一些事实。知识库包含所有用"如果：〈前提〉，于是：〈结果〉"形式表达的知识规则。推理机的任务是运用控制策略找到可以应用的规则。

其中产生式系统的知识库主要用来存放由该领域内的专家提供的知识，也就是说，专家系统中的知识库是由领域专家编辑和维护的。专家系统的问题求解过程则可以看作通过知识库中的知识来查找问题的解的过程，因此能否建立一个完整的知识库是衡量专家系统质量是否优越的关键所在，甚至可以说知识库中知识的质量和数量决定着专家系统的质量水平。一般来说，专家系统中的知识库与其他程序是相互独立的，用户可以通过不断增加、完善知识库中的知识内容来提高专家系统的性能。

专家系统的推理机能够针对当前问题的条件或已知信息，查找和匹配知识库中的相关规则，从而获得对应的结论，反馈给用户，这就形成了问题求解的过程。推理机的推理方式可以有正向推理和反向推理两种，其中正向推理是寻找与数据库中的事实或断言相匹配的前提，直到与目标一致即可找到解答。反向推理是从选定的目标出发，寻找执行结果可以到达目标的规则，直到规则的前提与数据库中的事实相匹配，此时问题就得到解决。

知识库和推理机是专家系统成功的关键，直接影响着专家系统的问题求解的能力。通常情况下，为了提升问题解决能力，专家系统需要建立一个关于特定问题领域的庞大知识库，在特定的领域内可以实现非常好的问题解决效果。但也是因为这一点，专家系统并不能建立一个完整的，包含所有人类知识的知识库系统，所以在通用问题求解上表现一般。

思考与练习 2-6　专家系统的一种模拟

假设现在有一个专家系统是通过知识网络来实现的，它具备基本的逻辑推理功能，那么当你咨询一个问题时，它的基本运行情况是怎样的呢？

举一个例子。

提问：请问苏格拉底会死吗？

如果在这个专家系统的知识网络中，并没有苏格拉底是一个人的关系表述，它可能会进行下述操作。

反问：苏格拉底是什么？

回答：苏格拉底是一个哲学家。

当专家系统内有哲学家和人的关系表示时，那么它就能够使用三段论推理得到苏格拉底会死的结论。

最终回答： 苏格拉底会死。

当然，真实的专家系统的实现远比这个例子复杂，但是这个例子可以简单地表示专家系统的运行过程。我们也可以通过和手机的智能助手提问互动，来间接考察它们的智能程度。

思考题 1： 如果我们在专家系统中询问"人会死吗"，会得到什么样的结论？

思考题 2： 如果想要建设医疗辅助诊断系统，需要如何构建，才能根据用户的病症提出医疗建议？简单说明一下思路。

2.4 从专家系统到知识工程

相对于专家系统，知识工程被认为是人工智能在知识处理方面的进一步发展，它以知识为对象，主要研究如何由计算机表示知识、获取知识，并进行问题的自动推理和求解。知识工程的研究使人工智能的研究从基于推理的问题解决模型转向基于知识的模型，它的研究涉及了整个知识信息处理领域。

2.4.1 知识工程和专家系统的区别

在传统的专家系统中，知识库和推理机是整个系统的核心部分。建立一个功能强大的专家系统的重点在于首先建立一个规模庞大的知识库，并通过推理机模仿人脑对知识进行处理。因此，构建专家系统首先需要领域内的专家把自己的知识归纳和总结出来，并进行规则化的提取和表示，生成知识库，此外，还要在此基础上定义复杂的规则和推理系统，才能使专家系统运行起来。

因此，虽然早期的专家系统在知识的获取和推理方面获得了一定的成就，但是大部分都是在规则明确、边界清晰、应用封闭的场景下，一旦涉及开放的问题就大大受限。所以为了真正提高专家系统的问题解决能力，还需要在知识库和推理机两个方面不断进行探索和改进。

与早期的专家系统是由特定领域内的专家参与知识库的建设和推理规则的建立不同，知识工程关注系统自主进行知识的获取和表达，以及推理能力的设计。这一点是两者的关键区别。知识工程把有关知识库系统、专家系统的重构作为主要课题研究的重点在于海量知识的获取和加工方法。

目前由于互联网的快速发展，各种开放性的海量知识不断在网络中累积，为了应对这种知识爆炸，知识工程需要研究如何系统地从外部获取知识、充实知识库，并对外部的数据进行知识化表示（即对知识进行形式化描述，以便让计算机合理地存储和使用知识）。

此外，知识工程更加关注知识的灵活应用，关注系统如何组织和利用知识，使用怎样的推理方法，以达到所希望的目标。

总的来说，知识工程是以知识的加工和处理作为研究对象的，而专家系统是以特定领域内问题求解作为研究对象的。

2.4.2　知识工程的知识处理过程

知识工程是利用人工智能的原理、方法和技术，设计、构造和维护知识型系统的一门学科。知识工程实现知识的加工和处理的过程主要包括知识获取、知识验证、知识表示与知识利用四个主要步骤。

- 知识获取，指通过人类专家、专业书籍、计算机网络或文件获取知识。知识工程中的知识可以是一般性的知识，也可以是特定领域的解决策略，甚至是一些基本的求解规则和步骤。

- 知识验证，指系统对自身主动获取的知识的验证过程，即需要验证新获取知识的正确性。

- 知识表示，指对验证后的知识的规则化组织过程，其中主要包括知识编码操作和知识库的建设工作。

○ 知识利用，指在知识库建立完成后，系统通过现有的知识库对人类的活动给予决策支持和帮助的过程。

知识获取是知识工程中的核心步骤之一，知识获取技术能够直接影响系统的后续发展。目前知识工程中的知识获取方法主要有非自动知识获取、知识抽取、机器学习三种方式。其中，非自动知识获取和知识抽取是手工和半自动化的方式，因此整体运行效率较低。

非自动知识获取方式与传统的专家系统类似，是由知识工程师获取原始知识，然后进行分析、归纳、整理，形成用自然语言表述的知识条目，最后输入到知识库中。

知识抽取是通过程序对文献文本中的知识进行识别、筛选、格式化和提取，抽取的过程对文本的基本格式有一定的要求，即文本需要满足确定的基本陈述格式才能被正确提取，不能实现完全的自动化知识获取。

知识工程中目前比较流行的知识获取方式是机器学习。机器学习是一种自动化知识获取方式，它可以通过程序直接获取外部的数据和信息，或者根据已有的知识演绎、归纳出新知识，补充到知识库中。

知识工程相比专家系统，能够把人类的知识以更高的效率转换到智能化的系统中，这不仅推动了人工智能的发展，也对社会的经济、科技和文化教育事业发展有重要意义。

2.4.3 互联网时代的知识图谱

随着全球互联网的兴起，传统知识工程和专家系统的方法已经不能满足互联网产业日益庞大的需求，因此数据处理能力和资源的传输管理方式的发展，都需要一种新的知识管理技术。

2012 年谷歌公司提出了知识图谱的概念。知识图谱标志着知识工程的发展进入了一个全新的时代，即大数据时代。谷歌公司是一个互联网公司，其互联网搜索引擎本质上是对知识和信息的检索应用，因此只需要对用户输入的关键字进行网络爬虫和检索，并不涉及知识的推理。但是，随着互联网的发展，传统的基于关键字的信息检索功能并不能满足人们的需求，人们更加需要能够实现一定程度知识推理的信息检索工具。

例如，早期的搜索引擎对输入的关键字"人工智能"进行关键字匹配查找即可，并不涉及知识的推理，只需要推送所有包含关键字"人工智能"的网页。但是越来越多的用户希望能够使用关键字"什么是人工智能"，获取互联网中关于人工智能的定义，这就需要系统具备一定的语义分析和逻辑推理能力，而知识图谱可以用来解决类似的问题。

互联网中数据量的激增和用户对智能化检索的需求是知识图谱发展的前提条件。与传统知识工程相比，大数据技术和计算机计算能力的增长解决了传统知识工程的知识获取问题。目前，知识图谱可以通过算法实现针对大数据的自动化知识获取。知识图谱中的自动知识构建主要是指在深度学习的基础上，结合自然语言处理领域的预训练语言模型，对互联网中的海量知识进行自动化提取和推理。与传统知识工程中自上而下的知识获取方式不同，知识图谱是利用数据实现一种从海量信息中自主挖掘知识、抽取知识的智能化形式，因此无论从效率上还是获取的知识量上，知识图谱都进步很多。

在知识的应用方面，知识图谱从传统的逻辑推理的方法，转变为事实知识的检索方式，更加强调提供基础的结构化知识和数据。例如，基于知识图谱可以构建智能搜索、智能问答、对话机器人等应用，而不是像专家系统那样作为一个独立的应用，只能进行问题和答案的检索。

总而言之，知识工程在知识图谱技术的引领下进入了一个全新的阶段，这被称为大数据知识工程阶段。目前，知识图谱已经在很多实际应用中取得了成功，如搜索引擎、精准推荐、风险识别等。随着整个社会的信息化水平的不断提高，互联网和大数据的应用需求会进一步推动知识工程的发展，知识的自动加工和处理技术越来越智能。

2.5　本章内容小结

本章主要介绍了人工智能中问题求解和知识工程的相关知识。早期的问题求解主要是通过搜索技术来实现的，即查找并验证问题的最优解决方案。在搜索的应用中需要了解问题空间，以及在解题中的问题空间的变换问题，这两点是和普通的数据查询有很大差异的。盲目搜索技术和启发式搜索技术是最常用的两种搜索方式，并且两者都有很多具体的搜索算法。

知识表示和基本推理是知识工程和专家系统的基础理论。计算机内可以通过以语义网络为代表的多种形式建立知识节点之间的关系，并通过命题逻辑的演算来实现问题求解。随着国际互联网的发展，海量知识库对专家系统提出了更大的挑战，知识工程就是为了实现对海量知识的获取和加工的一种新尝试。

2.6 本章练习题

1.（单选题）以下关于盲目搜索技术的描述正确的是（ ）。

A. 智能的数据检索方式

B. 通过暴力方式按预定的搜索策略进行搜索的算法

C. 随着人工智能发展，盲目搜索已经被淘汰

D. 约束满足算法是一种盲目搜索技术

2.（单选题）以下关于启发式搜索描述错误的是（ ）。

A. 启发式搜索的关键在于启发式信息

B. 局部最优解在实际应用中不会影响最终的系统运行效果

C. 启发式搜索技术的效率通常会高于盲目搜索技术

D. 深度优先和广度优先是常用的启发式算法

3.（单选题）以下不是命题的是（ ）。

A. 这朵花是红的　　　　　　　　　B. 现在是下午三点

C. 晚上该吃什么呢　　　　　　　　D. 小红不是一名学生

4.（单选题）基本推理规则不包括（　　）。

A．假言推理　　　　　B．拒取式　　　　　C．假言三段论　　　　D．复合推理

5．对于一个专家系统，知识库的建设有什么重要意义？如何才能提升专家系统的实用性？

6．小红想设计一个具备人工智能的教师机器，能够提供教学辅导，根据学生的考试成绩分析学生的知识掌握情况，这个想法可行吗？如果可行，应该如何设计呢？

第 3 章

人工神经网络、机器学习和深度学习

本章学习重点

○ 熟练掌握感知机到神经网络的结构和功能

○ 熟悉并掌握多层神经网络的基本原理

○ 了解卷积神经网络的工作原理和特点

○ 掌握机器学习中监督学习和无监督学习的方法

○ 了解深度学习的原理和特点

本章学习导读

　　上一章简要叙述了经典人工智能领域中的搜索技术、专家系统和知识工程的一些相关基本知识。其中知识的表示和专家系统方面的理论通常被认为是人工智能的符号主义学派的重要研究成果。在人工智能的整个发展历程中，专家系统的开发与应用所获得的成功，对于推动人工智能从理论走向工程应用具有特别重要的意义。

　　20 世纪 70 年代前后，人工智能的连接主义学派从生物学的研究成果出发，关注人类大脑的基本结构，通过对神经元和生物神经网络的研究和模拟，实现了一种以感知机（perceptron）为基础的人工神经网络。本章从神经元细胞的功能特性出发，介绍感知机、人工神经网络、机器学习等连接主义学派的主要研究内容，主要内容如图 3.1 所示。

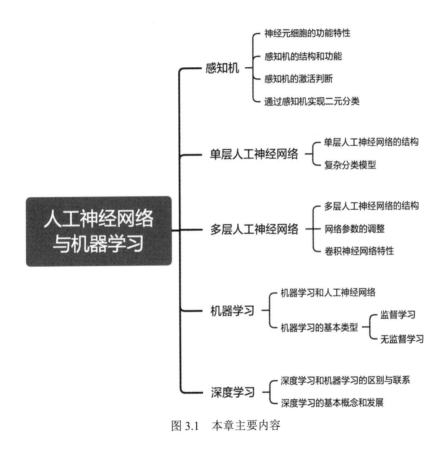

图 3.1　本章主要内容

　　本章所涉及的知识点比较抽象，因此这里可以通过类比人类神经元细胞的功能特性来介绍人工神经网络的基本功能。在人工神经网络的模型中，首先定义了一个抽象的感知机来表征基本的神经元细胞。神经元细胞在接收到外部的刺激信号时，会判断是否传递给下一个神经元细胞。感知机正是通过模拟神经元细胞的功能特性来运行的。而且在模拟单个神经元细胞的基础上，通过大量的感知机的组合，就可以形成一个类似于生物神经网络的人工神经网络。

在人工神经网络中，为了实现对外界刺激的判断功能，需要对每一个感知机中的激活函数进行不断的修改和调整。这种激活函数的动态调整过程就是一种机器学习的形式，它让整个神经网络实现一种自学习的形式，从而进行神经网络的优化。为此，本章的核心概念主要是感知机、人工神经网络、机器学习，其相关概念如图 3.2 所示。通过相关概念的梳理，可以比较全面地把握人工神经网络和机器学习的发展和演变过程。

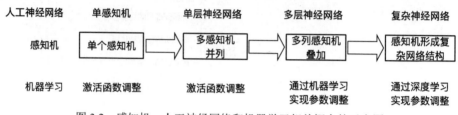

图 3.2　感知机、人工神经网络和机器学习相关概念的示意图

3.1　神经元细胞的数字化模型

人工神经网络是在生物学和神经科学的基础上建立起来的一种数字化的结构模型，它模拟人脑的基本结构，使用多个独立的计算单元组成一种复杂的网络结构模型，用以解决一些复杂问题。由于受到理论模型和技术条件的限制，关于人工神经网络的早期研究并不顺利。直到 20 世纪 90 年代之后，多层神经网络和反向传播算法得到了进一步的应用和发展，又将人工神经网络和机器学习推向了新的高度。目前，人工神经网络和机器学习在很多领域都发挥着重要作用，本章将主要介绍人工神经网络和机器学习研究相关的基本理论和基础知识。

3.1.1　神经元细胞和感知机

早在 1943 年，心理学家沃伦·麦卡洛克（Warren McCulloch）和数理逻辑学家沃尔特·皮茨（Walter Pitts）在神经科学的基础上就提出一种神经网络的数学模型，从而奠定了人工神经网络研究的基础。1957 年心理学家弗兰克·罗森布拉特（Frank Rosenblatt）提出了可以模拟人类感知能力的模型——感知机。这种感知机能够用来学习与识别输入模式，从而进一步推动了人工神经网络的研究。

人工神经网络的研究是在神经科学的基础上发展而来的。神经科学的研究成果表明，神经元（神经细胞）是生物体中构成神经系统结构和功能的基本单位，对于外部刺激，有接收、整合、传导刺激信号的作用。神经元的基本结构如图 3.3 所示。

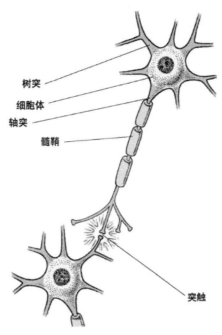

图 3.3　神经元的基本结构

神经元分为细胞体和突起两部分，突起又分为树突和轴突。树突负责接受外来刺激，经由细胞体整合判断，再由细胞体决定是否通过轴突传导出信号。树突也负责接收由其他神经元的轴突传导的冲动并传给细胞体。神经元之间通过突触相互连接，人体可由此感受到外部环境的各种刺激信号，并传导到神经中枢，借此，人就会做出判断。

下面简单举例说明神经元对信号的处理过程。如图 3.4 所示，当人的手臂被针刺到时，手部的神经元的树突会获取到针刺产生的刺激信号，刺激信号将由神经元的细胞体进行评估，如果细胞体认为针刺所产生的刺激强度没有超过这个细胞体的阈值，那么该刺激信号就不会被传递，即这个神经元并未被激活（此时该神经元处于抑制状态），最终人也就不会感受到这个刺激；如果细胞体进行评估后，认为刺激的强度超过了该细胞体的阈值，那么细胞体会转发这个刺激信号，即神经元被激活（此时神经元处于兴奋状态），最后刺激信号会被传导至大脑。

图 3.4　神经元的信号传递示意图

由罗森布拉特提出的感知机，就是把神经元的基本功能抽象成一个具有基本的输入和输出功能的、自动化的信息计算和表示单元。因此，感知机就可以看作神经元的一个简单的功能抽象和数字化表示。例如，感知机可以通过多个信号接收和输出信号。如图 3.5 所示，X1、X2、X3 表示不同的输入信号，Y 表示输出信号，感知机关于阈值的判断是通过一个激活函数（也可称为激励函数）来实现的。激活函数对 X1、X2、X3 这三个输入信号进行评估，并判断其结果是否超出阈值，最后通过输出信号 Y 输出结果。

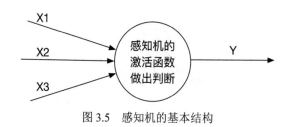

图 3.5　感知机的基本结构

感知机是一个最基本的模仿神经元的模型，但是人类的神经系统是通过大量的神经元构成的复杂结构。在实际应用中，通常会有多个感知机组合并重复接收多个输入信号。图 3.6 表示由两个感知机组成的一种常见的结构模型，此时外部刺激信号可以同时影响到这两个感知机。

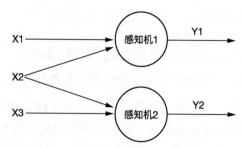

图 3.6　由两个感知机组成的结构模型

可见输入信号 X2 同时作用于感知机 1 和感知机 2，而 X1 只作用于感知机 1，X3 仅作用于感知机 2。两个感知机通过各自的激活函数，针对不同的输入信号进行激活判断，并将结果

分别通过 Y1 与 Y2 进行输出。这样的感知机组合方式和信号输入形式更符合人体神经系统中
对信号的处理方式。

3.1.2　感知机的分类判断模型

感知机本质上就是模拟神经元接收外部刺激信号、做出激活判断和传递刺激信号的过程。
那么构造一个能够像神经元一样工作的感知机的关键，在于使用激活函数做出阈值判断，并
将这个判断结果输出。

感知机通过激活函数对输入信号的分类和判断，类似于神经元的兴奋和抑制两种状态。
感知机中激活函数的主要功能就是对输入信号进行累加和综合，并与自己的阈值进行比较判
断，从而得到输出结果的。例如，对于图 3.6 中感知机 1 的输出结果，可用图 3.7 所示的模型
来表征。其中，如果输入信号经过感知机的判断，达到了阈值标准，那么就输出 1（表示激
活，类似于神经元的兴奋状态，图 3.7 中用圆点表示），否则输出-1（表示未激活，类似于神
经元的抑制状态，图 3.7 中用十字形符号表示）。因而所有的输入信号，都会得到两种输出结
果中的一种，即要么输出 1，要么输出-1。因此通常将这种分类方法称为二元线性分类。

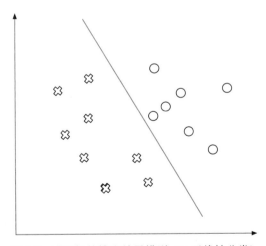

图 3.7　感知机的输出结果模型（二元线性分类）

通常情况下通过感知机的这种二元线性分类能够对输入信号进行判断，并将输出结果进
行分类，也就是说输入信号要么达到感知机的阈值，要么未达到，只有这两种情况。但是，
如何调整这个感知机，让它实现一种特定的分类标准，就需要定义合适的激活函数了。这一

点也可以通过这样的类比来理解：有的人痛觉感受阈值比较低——微小的刺痛都能感觉到，而有的人则正好相反——微小的刺痛可能无法引起他的感受，那么就可以将之类比为两个感知机的激活函数不同，即对同样的输入信号有不同的激活判断，从而输出不同的结果。因此，正确使用感知机来进行数据处理就需要调整感知机的分类方法。

3.1.3 扩展——感知机如何学会正确分类

感知机还可以给每个通道的输入信号赋予不同的权重，权重用以表示输入信号的重要程度。感知机的激活函数将输入信号和权重值合并计算，表示这个感知机所接收到的信号强度。最终感知机对这个信号强度是否超过了该感知机的阈值进行判断并输出结果。

建立一个合适的激活函数是实现感知机功能的核心和关键。为了建立一套具有适应性的激活函数，罗森布拉特设计了一种类似于人类学习过程的感知机学习算法。该算法主要是在激活函数的基础上，通过反复调整合适的输入信号的权重值，最终实现正确的激活方式来确定感知机的正确运行方式。

下面举例说明感知机学习算法的实现过程，假设某个感知机的输入通道及其权重如图 3.8 所示。

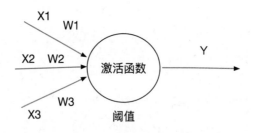

图 3.8 某感知机的输入通道和权重

那么，此感知机学习算法的实现过程如图 3.9 所示，其基本实现步骤如下。

○ 首先，针对感知机的多路输入通道，给每一个输入通道赋予一个权重。例如，W1、W2 和 W3 就分别是三路输入通道 X1、X2、X3 的权重。此外，还需要设定感知机的阈值，通常情况下阈值的取值范围为[−0.5,0.5]。

○ 其次，通过 X1、X2 和 X3，以及输出通道 Y 的输出结果来激活感知机，并判断感知机是否能够被正确激活。激活函数最基本的形式是 X 与其对应权重 W 的乘积和的形式（X1·W1 + X2·W2 + X3·W3）。

○ 再次，对权重 W1、W2、W3 进行训练和调整。根据第二步的反馈信息调整权重值，并重新校正输出的变化值。

○ 反复迭代训练感知机，直到其校正变化的数值不断收敛。

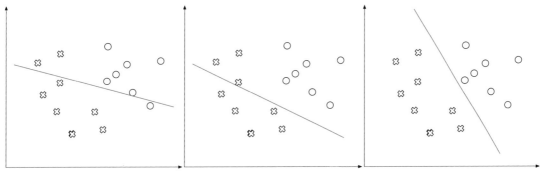

图 3.9　感知机学习算法的实现过程（从左至右，逐渐实现正确分类）

1957 年，罗森布拉特成功地在 IBM 704 机上完成了感知机的仿真。两年后，其开发的基于感知机的硬件模型——Mark1，成功实现了英文字母的自动识别功能。感知机除了能够识别出现次数较多的字母，也能对书写方式不同的字母的图像进行概括和归纳。因此，感知机在当时被认为有着良好的发展潜能。但是，1969 年，马文·明斯基（Marvin Minsky）和西蒙·派珀特（Seymour Papert）通过深入研究以感知机为代表的单层神经网络，证明了这种感知机不能解决简单的逻辑异或（XOR）等线性不可分问题，这样就会使单层神经网络在处理很多模式识别问题上存在着非常大的困难。这导致了很多研究者对感知机和神经网络失去了信心。

思考与练习 3-1　感知机的模拟运行

某公司市场部正在分析和调研消费者对当前手机市场中的主流智能手机的购买需求。假设你是这个调研项目的负责人，现需要设计一个评价标准来综合评判当前消费者对手机的喜爱程度和潜在的购买力。可以根据每一款手机的外观、性能、价格、售后服务这四个方面的因素进行评价，并根据不同的权重来计算总分。例如，通常情况下售后服务的权重要低于外观、价格等因素的权重（权重较低表示消费者购买时对该因素的考虑较少），因此不能为四个因素设定同一个权重值。可以设计一张评价表来计算多款手机的最终得分，从而给读者提供购买建议，即推荐购买或者不推荐购买。评价表如表 3.1 所示。

表 3.1　手机评价表

手机型号	外观（权重___）	性能（权重___）	价格（权重___）	售后（权重___）	总得分

　　思考题：请通过上述评价表，尝试模拟多款手机得分的计算和对手机的评价，在计算中尝试调整各因素的权重值，看看会发生什么样的变化，并据此给读者提供一些主流智能手机的购买建议。

3.2　人工神经网络——生物神经网络的数字化

　　在人工神经网络的研究停滞一段时间之后，美国物理学家霍普菲尔德（Hopfield）分别于 1982 年和 1984 年在美国科学院院刊上发表了一篇关于人工神经网络研究的论文，这两篇论文引起了巨大的反响。人们重新认识到人工神经网络的强大功能及其应用的可能性。随后，一大批学者和研究人员围绕霍普菲尔德提出的方法展开了进一步的工作，形成了人工神经网络的研究热潮。

3.2.1　从单层感知机到多层感知机

　　人工神经网络是生物神经网络在某种简化意义下的技术复现，作为人工智能的一个重要研究方向，它的主要任务是根据生物神经网络的原理和实际应用的需要建造实用的人工神经网络模型，设计相应的学习算法，模拟人脑的某种智能活动，然后在技术上实现出来，用以解决实际问题。

如前所述，感知机可以被看作一个神经元模型。大量的感知机通过相互连接（此时一个感知机的输出信号即可作为另一个感知机的输入信号），就组成了复杂的多层感知机（Multi-Layer Perceptrons，MLP）。因而，一个多层感知机也可看作一个功能较为复杂的人工神经网络，即多层神经网络。

为了帮助大家更好地理解多层感知机的运行机制，下面以图 3.10 所示的一个简单的多层感知机的结构模型为例进行讲解。如图 3.10 所示，该多层感知机的结构模型包含了一个隐藏层。所谓隐藏层是指除了输入层和输出层以外的其他感知机层。多层感知机的隐藏层可以由一层或者多层感知机组成。相比之下，单层感知机在结构上仅由一层感知机组成，不会出现感知机的输出信号成为其他感知机输入信号的现象。可见，多层感知机的功能相对要强大很多，可以实现非线性函数，而单层感知机只能实现线性函数。

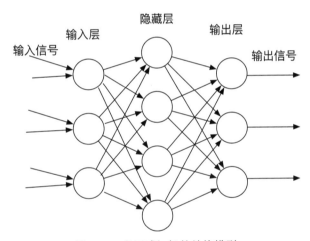

图 3.10　多层感知机的结构模型

与单层感知机类似，多层感知机的所有输入信号都具备权重（图 3.10 所示的输入层有三个信号点）。输入层信号的输出被传入隐藏层；隐藏层的输出取决于输入层的输出及其信号的权重值。输出层从隐藏层接收输入信号，并做相应的综合处理，处理结果就是多层感知机的输出结果。因而，一个多层感知机可以实现以分类或者回归为目的的特征分类关系。

不管是以单层感知机还是以多层感知机为基础的人工神经网络，都是在模拟生物神经网络的一些基本功能，但在复杂程度上是远远赶不上生物神经网络的。生物神经网络是人工智能研究的最终目标，也是人工神经网络的技术原型。

思考与练习 3-2　多层感知机的应用

从结构上看，多层感知机仅仅是比单层感知机多使用了部分感知机，形成了一个或者多个隐藏层，而由多层感知机形成的人工神经网络的强大功能，其实大家还未能直接体会到。现在就在"思考与练习 3-1"的基础上，设计一个相对复杂的问题，用以感受多层感知机这种结构模型的基本作用。

在"思考与练习 3-1"中大家已感受到使用单层感知机进行权重判断，从而实现数据的二元分类的基本功能，因而大家可以据此对目前市场的主流手机是否值得购买进行分类。现在需要在此基础上，增强推荐功能，即针对某一个具体的用户，推荐他应该购买哪一款手机。针对这新的推荐功能，就不能仅仅从该手机的外观、性能等是否值得购买的因素去判断了。也就是说"思考与练习 3-1"中表 3.1 所示的"手机评价表"可作为实现此新推荐功能的依据，但还不够，因为除了评价手机的情况，还要评价用户的情况。首先判断用户当前的经济状况：是否有足够的现金去购买；如果现金不够，那么是否有足够的预期收入去购买，甚至要借贷的话，用户是否有足够的借贷信用和还款能力。据此可设计用户经济状况评价表，参考表 3.2，而该表可作为实现新推荐功能的第 2 个依据。此外，还要看用户对手机的某一具体功能的需求，例如摄影、摄像等方面的需求。因而根据用户对手机功能的具体需求应设计手机功能需求表，可参考表 3.3。该表可作为实现新推荐功能的第 3 个依据。这时，使用单层感知机是无法完成该推荐功能的，需要使用多层感知机。

表 3.2　用户经济状况评价表

现金	未来单月收入	还款能力	借贷信用	总得分

表 3.3　手机功能需求表

手机型号	手机大小	CPU 需求	摄像头	总得分

综合考虑表 3.1 至表 3.3，应当如何设计这个多层感知机，使之能根据众多需求因素进行分类计算，最终实现最佳的购买推荐呢？该多层感知机的简略结构模型如图 3.11 所示。请同学们根据表格中的输入信号和输出信号，在图 3.11 的空白图中绘制输入信号、输出信号以及感知机的功能。

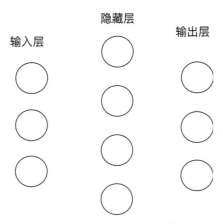

图 3.11　多层感知机的简略结构模型

通过"思考与练习 3-2"，大家可以感受到，相比单层感知机，多层感知机能够解决更加复杂的分类问题，也可以接收更多的输入信号和实现更多的判断输出。因此，从某种意义上讲，当多层感知机走向成熟和应用之后，人工神经网络的研究才真正走向了实用。

3.2.2　人工神经网络的基本功能特点

总的看来，人工神经网络是通过模仿生物神经网络的基本结构模型和总体的行为特征，在计算机上进行分布式并行处理的算法数学模型。因而可以把人工神经网络看作通过对生物神经网络的抽象和建模，实现具有判断和学习能力的智能化人工系统。也就是说，通过人工神经网络可以实现人类智能的两个基本功能：判断和自我学习。

通过对神经元连接模型的模拟，人工神经网络可以依靠整体系统的复杂程度，通过调整内部大量感知机节点之间相互连接的关系，从而实现正确判断。此外，人工神经网络通过模拟生物神经网络，可以实现从环境中获取信息的"自我学习"的功能。这种"自我学习"的功能就是在人工神经网络模型中，在外部输入数据（可以类比人类的生存环境的刺激）及所期望得到的输出结果的基础上，按照一定的规则（学习算法）调整整个网络层次的权值矩阵。这样如果权值不断调整到一个收敛状态，那么就可以认为完成了学习过程。这时人工神经网络能够较好地处理输入数据并输出结果。因此，人工神经网络就可以成为一个具有自适应能力的系统。

简单地说，人工神经网络的"自我学习"功能其实是网络模型中的感知机所具备的一种自我调整功能，即根据外部输入信息调整感知机的参数，从而影响这个人工神经网络的功能。这样的自我调整需要通过输入数据和输出结果进行匹配训练。人工神经网络的学习训练方式主要有两种方式——监督学习和无监督学习，每种方式都有多种相应的算法，也都有自己的特点和适用范围。

可以通过这样一个例子来理解人工神经网络的学习过程：假设多人在同一间办公室内，夏天空调温度的设定范围可以是18℃到28℃，为了让所有人都有比较舒适的办公空间，就需要多次调整温度设定，以及办公室人员与通风口、窗户的距离等，不断根据这些外部情况和办公室人员的反馈，最终可以设定一个比较平衡的温度和适宜的办公位置。这种通过外部条件和办公室人员的反馈来调整参数的过程其实就可以看作一种"自我学习"的过程的模拟。

目前人工神经网络的研究可以分为理论研究和应用研究两大方面。理论研究的主要内容包括更加深入地分析和研究脑科学的基本原理、人类思维的基本方式、知识的存储和处理方法等，并将这些研究成果用计算机的方式加以模拟，从而不断优化人工神经网络模型，提升人工神经网络的算法和性能。目前理论研究的主要方向包括神经网络动力学、非线性神经场等。应用研究主要是对人工神经网络的设计、开发和应用方面的研究，包括人工神经网络的软件模拟以及人工神经网络在各个领域中应用的研究。

目前，人工神经网络的研究和应用领域相当广泛，这反映了当前人工智能领域中多学科融合发展的趋势和特点。人工神经网络的研究结合计算机的大规模并行处理，可以在运算速度、处理能力和自适应能力等方面不断优化。当前人工神经网络的应用范围非常广泛，尤其在模式识别、信息处理、专家系统、决策支持等方面有着非常突出的优势。

3.2.3　卷积神经网络的优势和特点

卷积神经网络（Convolutional Neural Networks，CNN）是对于传统人工神经网络的改进，其主要特点是具有一类能够实现卷积计算且具有深度结构的前馈神经网络（Feed-Forward Neural Networks，FNN）。从卷积神经网络的基本结构看，其本质上还是一种类似于传统人工神经网络的多层感知机结构，只是卷积神经网络的隐藏层较多。卷积神经网络的层级结构大致可以分为输入层、卷积层、激励（ReLU）层、池化（Pooling）层和全连接层。

卷积神经网络的主要功能和特点在于其输入层可以处理多维数据，将多维数据的输入特征进行标准化处理，这样有利于提升卷积神经网络的学习效率和表现。而卷积层是整个卷积神经网络的核心层，负责整个神经网络中大部分的计算，主要是通过激活函数和对应的参数实现特征提取。与传统人工神经网络的处理方式不同，卷积层对输入数据执行变换操作的时候，参数是由一些具有"自我学习"功能的滤波器集合构成的，这样可以大幅提高卷积层的特征提取效率。池化层的主要功能在于压缩数据和特征降维，这样可以提高整个神经网络模型的容错性。

传统人工神经网络，尤其是在含有较多隐藏层的神经网络中，因为层数的增加以及输入数据的海量增长（例如在图像和视频处理过程中，需要处理的像素数据的信息量非常大），其在处理过程中效率低下，因此卷积神经网络被提出。卷积神经网络可以通过输入层和池化层降低数据的维度特征，从而大幅提高处理效率。例如，通过池化层可以将原本分辨率为 64 像素 × 64 像素的特征图压缩成分辨率为 8 像素 × 8 像素的，从而降低了特征维度。经过前面若干次卷积、池化后，再通过全连接层处理，就可以得到一个类似于传统神经网络的输出结果。

简而言之，计算机在进行图像、音视频信息处理的过程中待处理的数据量相当庞大，这会导致传统神经网络的处理效率不高，图像及音视频信息在数字化的过程中处理的准确率也较低。而卷积神经网络可以通过卷积和池化层对庞大的多维数据进行降维，再做处理，这样既能够通过降维的方式精简数据量，同时也能够保证特征分析的效果。因此，卷积神经网络目前广泛应用于图像识别处理、语音识别处理等领域，并取得了非常好的应用效果。

总的来说，卷积神经网络作为传统神经网络的一种改进，除了应用于上述领域外，还广泛应用于自然语言处理、遥感、大气科学等领域。目前主流的机器学习库，包括 TensorFlow、Keras、Thenao 等都可以运行卷积神经网络算法。

3.3 机器学习——机器的自我适应

机器学习（Machine Learning）既是人工智能领域的一个重要分支，也是和人工神经网络紧密相关的人工智能的一个研究方向。通常研究者认为机器学习就是通过算法使得机器能够从大量历史数据中学习和总结出规律，从而识别新的数据和样本或对未来做出预测判断。机器学习的研究涵盖了概率统计、近似理论和计算机算法等多个学科。

3.3.1 机器学习的发展和分类

早期的机器学习研究和机器学习算法大多是一些相互独立的研究成果，对人工智能领域并未产生较大的影响。从 1980 年开始，机器学习真正成为一个独立的方向，涌现出各种机器学习算法，相关理论研究和实际应用都得到了快速发展。

20 世纪 80 年代到 90 年代，机器学习的主要成就在于以决策树为代表的预测模型方面。1986 年，计算机科学家杰弗里·辛顿（Geoffrey Hinton）提出了用于训练多层神经网络的反向传播算法，这不仅标志着人工神经网络的理论研究趋于完善和实用，也把机器学习带入一个新的发展阶段。反向传播算法主要通过反向传播阶段对隐藏层和输出层进行误差判断，并回馈到上一层进行参数修改，从而实现机器学习。该算法对机器学习产生了深远的影响，甚至目前流行的深度学习领域依然在大量地使用反向传播算法。

随着人工神经网络研究的兴起，机器学习也在人工智能研究领域引起了广泛的重视和很多科学家的研究兴趣。尤其在近十年，有关机器学习的研究发展迅速，机器学习已成为人工智能的重要研究领域之一。目前，一个系统是否具有自主学习能力已成为是否具备人工智能的重要标志，由此也可以看出机器学习对于人工智能发展的重要性。

从机器学习主要的实现方法及研究的内容看，其发展大致可以分为几个不同的历史时期。在人工神经网络研究的早期，机器学习就已经开始应用于感知机的激活函数的实现。这个时期的机器学习的研究主要通过对机器的环境及其相应性能参数的改变来检测系统所反馈的数据。例如常见的最小均方学习、反向传播学习等都是关于感知机的基本机器学习算法，但这些机器学习算法还远远不能满足实际应用的需求。

再后来机器学习算法主要是通过统计模型实现的，即按照确定的统计模型对大量的输入数据进行分析，从而选择和确定一个合适的数学模型，最后运用训练好的模型对数据进行分析预测。常用的统计学算法包括梯度下降法、牛顿法以及拟牛顿法等。进入 21 世纪之后，随着实际应用对人工神经网络所处理的数据量及其处理能力的要求不断提高，深度神经网络被提出，而且以深度学习（Deep Learning）为基础的人工智能应用逐渐成熟。

按照机器学习的学习理论类型，可以将机器学习划分为监督学习、半监督学习、无监督学习、迁移学习和强化学习。其中，训练样本中带有标签的学习方式是监督学习；训练样本中部分有标签、部分无标签时是半监督学习；训练样本全部无标签的是无监督学习；迁移学习是把已经训练好的模型参数迁移到新的模型上以帮助新模型训练；强化学习则是寻找最优策略，让本体在特定环境中，根据当前具体状态做出特定的行动，从而获得最大回报。

目前，机器学习主要分为两类研究方向：第一类是关于传统机器学习的研究，主要是研究学习机制，注重探索与模拟人的学习机制，例如决策树、随机森林、人工神经网络、贝叶斯学习等方面的研究；第二类是大数据环境下机器学习的研究，主要是研究如何有效利用信息，注重从海量数据中获取隐藏的、有效的和可理解的知识。

3.3.2　监督学习和无监督学习

从机器学习的学习理论类型上看，目前机器学习算法中最常用的两种学习算法是监督学习和无监督学习。

监督学习是指通过已有的训练样本，即通过给定的信号输入，以及期望得到的输出结果，去训练感知机的输出函数，最终得到一个最优的激活函数模型，再利用这个激活函数模型去创建和定义感知机。这样就能实现将所有的输入数据映射为相应的输出结果，从而实现正确的预测和分类。这样最终使感知机具备对未知输入数据进行预测和分类的能力。

换句话说，监督学习可以简单地理解为在人的监督下，通过大量的学习样本，机器不断调整感知机的激活函数，获得期望得到的标准输出结果。监督学习中的数据中是提前做好了信息分类的，它的训练样本中是同时包含特征和标签信息的，机器根据这些来得到相应的输出结果。

而无监督学习则是通过杂乱的、无规则的、无标记的数据，让感知机自发地总结数据规律，生成数据处理方式。在无监督学习过程中，人并不参与无监督学习的数据分类和标记过程。

可见在无监督学习过程中训练样本的基本标记信息是未知的，感知机需要通过对无标记的训练样本的学习来揭示数据的内在性质及规律，从而生成一个匹配的激活函数，并且为进一步的数据分析提供基础。这样感知机就会自发地对未标记的信息进行分类，选择生成一个匹配的数据处理方案，并对后续的未知数据进行处理。

监督学习和无监督学习的主要区别在于，监督学习方法必须要有训练集与测试样本，感知机已经预先知道对这些给定标记的训练数据期望的处理结果，在此基础上总结规律。而无监督学习没有训练集，只有无标记数据，在学习过程中，感知机并不知道这些无标记数据的正确处理结果是什么，需要自主地去总结规律。无监督学习方法只有要分析的数据集本身，预先没有什么标签。如果发现数据集呈现某种聚集性，则可按自然的聚集性分类，但不以与某种预先分类标签对上号为目的。无监督学习旨在寻找数据集中的规律性，这种规律性并不一定要达到划分数据集的目的，也就是说不一定要"分类"。就这一点而言，无监督学习的用途要比监督学习的广。因此，监督学习的核心是训练样本的分类，无监督学习的核心是对大量样本的聚类分析，即将数据集分成由类似的对象组成的多个类。

最常见的监督学习算法包括线性回归（Linear Regression）、逻辑回归（Logistic Regression）、朴素贝叶斯（Native Bayes）、线性判别分析（Linear Discriminant Analysis）、决策树（Decision Tree）、k-近邻算法（k-Nearest Neighbor Algorithm）等。常见的无监督学习算法主要包括 k-均值聚类算法（k-Means Clustering Algorithm）、谱聚类（Spectral Clustering）、主成分分析

（Principal Component Analysis）等。

思考与练习 3-3　监督学习和无监督学习

监督学习和无监督学习是机器学习中的重要概念，两者的区别可以通过思考与练习 3-2 和思考与练习 3-3 来进一步理解。假设在思考与练习 3-1 和思考与练习 3-2 中已经建立了完整的人工神经网络（单层或者多层感知机），下一步就是通过机器学习来实现激活函数及其相应的参数。

监督学习通过提供一部分训练样本集合（其数据为有标记的数据）对人工神经网络进行训练。以表 3.1 为例，所谓训练样本集合可以理解为如表 3.4 所示的表格。

表 3.4　监督学习的训练样本

手机型号	外观（权重___）	性能（权重___）	价格（权重___）	售后（权重___）	总得分
A					1（推荐购买）
B					0（不推荐购买）

上述学习过程可以简单理解为，通过对人工神经网络的激活函数的运算结果和训练集的标记进行比对，例如对于手机 A，通过激活函数运算得到的结果是 0，不推荐，那么该结果和标记不匹配，因此需要不断调整参数，使整个网络能够匹配训练集的所有数据。无监督学习则不提供这样的训练样本集合，完全依靠人工神经网络进行分类。

3.3.3　机器学习的应用

总的看来，人工神经网络和机器学习的出现，促进了人工智能的快速发展，也使得机器能够在一定程度上实现"自我学习"和自适应。这种机器的"自我学习"为人工智能今后的发展——逐渐摆脱大量人工操作和控制带来了曙光，也为真正实现智能化机器带来了希望。

人工神经网络和机器学习广泛应用于我们的日常生活。例如，电子邮件的过滤器就是一种机器学习的典型应用。早期对于电子邮件的过滤，需要人工维护一个"黑名单"，电子邮件系统按照"黑名单"进行垃圾过滤，但是这样并不能保证"黑名单"之外的垃圾邮件被智能识别。现如今通过机器学习，电子邮件系统可以很好地自动识别邮件内容，包括电子邮件中的欺诈信息，而且可以自主学习和识别新的欺诈信息。

目前，机器学习在数据集的分类及内容识别中发挥了重要作用。机器学习算法实现了靠人工数据维护几乎不可能达到的效果。

但是一套功能强大的机器学习系统，一方面要依靠算法和模型的实现，另一方面也在很大程度上受训练样本的数量、分类情况等外部条件的制约。因此机器学习有时由于训练样本不足，而不能很好地适应外部条件的变化，因此在应用中的灵活性和适应性方面还存在不足。随着计算机的处理能力的增强和互联网中开放性的海量数据的出现，早期的机器学习无论是在人工神经网络的复杂程度上，还是在训练样本的来源、类型上都发生了巨大的变化。在这种情况下，机器学习也逐渐朝新的研究方向发展：由早期那种建立在感知机上的训练模型的方式逐渐转向了依靠大数据技术实现的深度学习。

3.4 深度学习——机器学习的进一步发展

深度学习是机器学习近年来发展起来的一个重要研究分支。随着人工神经网络的结构越来越复杂，隐藏层的数量大幅增加，为了提高复杂神经网络的训练效果，人们对神经元的连接方法和激活函数等方面做出相应的调整，针对卷积神经网络、自编码神经网络等深度神经网络提出了深度学习的概念和方法。

因此，本质上深度学习依然是实现机器学习的一种模式分类技术，相比较而言，多层感知机中基于统计方法的机器学习通常也称为浅层学习。与传统的浅层学习方法相比，深度学习方法预设了更多的模型参数，因此模型训练难度更大，需要参与训练的数据量也更大。

深度学习和早期的机器学习的区别也主要在于模型参数的复杂程度和训练样本的开放性方面。目前深度学习在很多应用领域都取得了优异的成绩，例如在搜索技术、数据挖掘、机器翻译、自然语言处理、内容推荐和个性化数据技术，以及其他相关领域中都取得了很多成果。深度学习使机器能模仿视听和思考等人类的活动，解决了很多复杂的模式识别难题，使得人工智能相关技术取得了很大进步。

3.4.1　深度学习的发展及其特点

如前所述，杰弗里·辛顿于 1986 年就提出了一种适用于多层神经网络的反向传播算法。反向传播算法是在传统人工神经网络的正向传播算法的基础上，增加了有关误差的反向传播过程，从而能够优化整个网络参数。这里所谓的反向传播过程就是通过输出预期作为反馈信息，从而根据这些反馈信息，不断调整信息输入的权重和阈值，直到输出的误差减小到允许的范围之内，或达到预先设定的训练次数为止。反向传播算法较好地解决了人工神经网络中的非线性分类问题，给人工神经网络的研究带来新的突破口。

利用反向传播算法可以让一个人工神经网络模型从大量训练样本中不断自我学习，并归纳出对应的统计规律，在一定程度上可以实现对新数据的预测和判断，这种基于统计模型的机器学习方法与过去基于人工制定的规则的智能系统相比，优势显著。但是，由于基于统计模型的机器学习在进行样本训练时运行效率较低，因此当人工神经网络的规模不断增大时，反向传播算法的发展受到了很大的限制，所以人工神经网络的发展再次进入瓶颈期。

2006 年，杰弗里·辛顿以及他的学生鲁斯兰·萨拉赫丁诺夫（Ruslan Salakhutdinov）正式提出了深度学习的概念，从而掀起了第二次人工神经网络和机器学习快速发展的热潮。他们在知名学术期刊《科学》上发表的论文详细地给出了反向传播算法中关于"梯度消失"问题的解决方案：通过无监督学习进行逐层训练，再配合使用有监督的反向传播算法进行优化。这样就可以解决反向传播算法被诟病的"梯度消失"问题。

杰弗里·辛顿还指出多层结构的人工神经网络能够更好地实现机器学习，并且能够实现对数据更具有本质化的描述，从而能够比层次较少的人工神经网络的分类更加精确，只不过针对多层神经网络的机器学习和样本训练的复杂度更高。针对这个问题，杰弗里·辛顿提出了多层神经网络的机器学习可以通过逐层初始化的方式来进行，但不建议一次性对所有的层进行全连接初始化。

杰弗里·辛顿的这一思想就是深度学习方法，该方法一经提出就在学术圈引起了巨大的反响，以斯坦福大学、多伦多大学为代表的众多世界知名高校纷纷投入巨大的人力、财力进行深度学习领域的相关研究，而后研究热潮又迅速席卷了工业界。

3.4.2 深度学习与机器学习的异同

为了和杰弗里·辛顿提出的深度学习方法相区别，早期的机器学习有时也被称作浅层学习。在浅层学习阶段所研究和使用的人工神经网络模型相对比较简单，其多层感知机，在通常情况下只是含有一层或者两层隐藏层的浅层模型。为了区别于这种传统的浅层模型下的机器学习方法，针对含有较多隐藏层的模型结构的机器学习也就被称为深度学习。深度学习针对的多层神经网络通常会有 5～6 层，甚至有 10 层以上。以图 3.12 所示的深度学习模型为例，这是一个含有 5 个隐藏层的多层人工神经网络模型。因而，从隐藏层的模型结构就可以看出深度学习模型结构的复杂性远远高于传统的浅层模型。

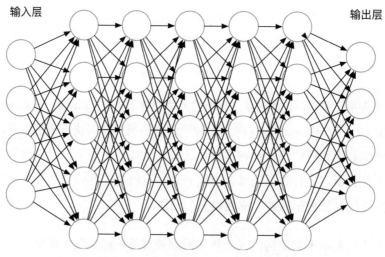

图 3.12　含有多个隐藏层的深度学习模型

深度学习强调通过多个隐藏层实现特征学习的重要性。为了实现这种多个隐藏层的机器学习，杰弗里·辛顿提出了在非监督数据上建立多层神经网络的方法。该训练方法的核心思想是每次只训练一层神经网络，并不断地优化调整，最终实现逐层的学习和训练；当深度神经网络中的所有层都训练完后，再使用 Wake-Sleep 算法进行优化。

也就是说，通过多个隐藏层实现一种逐层转换的输入数据的特征变换。这里所谓的逐层特征变换，从基本原理上看，就是不追求一次性将输入层的数据转换得到最终的输出，而是通过一个或者两个隐藏层，将其转换成一种"半成品"的临时状态，再通过其他层对这种"半成品"继续进行转换。这样原始数据的特征表示，就可以通过多个隐藏层形成最终的特征空间，从而使分类或预测更为容易。图 3.13 表示的是深度学习的逐层特征变换的一个例子，从中可以看出深度学习的逐层特征变换的基本形式。

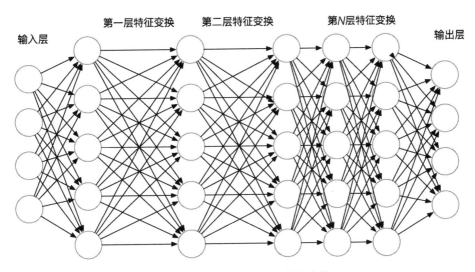

图 3.13　深度学习的逐层特征变换

这种分层学习的方式极大地简化了深层神经网络的学习过程，我们可以想象，如果希望通过这种深层神经网络一次性地实现最终的分类目标，那么中间层参数调整的信息量将是一个天文数字。只有简单地通过分层处理，在实际应用中才能够实现分层参数调整和分层学习，这样才能让深度神经网络的应用成为现实，也才能真正地模拟生物神经网络的复杂结构形式。

由于深度神经网络在结构上过于复杂，并且深度学习中需要的训练数据量更大，因此深度学习通常需要大数据技术的支持。也就是说深度学习的实质，是通过构建具有很多隐藏层的机器学习模型和海量的训练数据，来学习与识别更多的特征分类，从而提升分类或预测的准确性。

3.4.3　深度学习的应用和发展

2012 年，在著名的 ImageNet 图像识别大赛中，杰弗里·辛顿领导的小组采用深度学习模型（AlexNet）一举夺冠。AlexNet 采用了 ReLU 作为激活函数，从根本上解决了梯度消失问题；并采用双 GPU 极大地提高了运算速度。

同年，斯坦福大学教授吴恩达（Andrew Ng）加入谷歌公司的研发团队 X Lab 实验室，利用谷歌公司数据中心的强大计算能力打造人工智能系统。吴恩达和 Jeff Dean 共同主导的深度神经网络——DNN 技术在图像识别领域取得了惊人的成绩，在 ImageNet 评测中成功地把错误率从 26% 降低到了 15%。此外，X Lab 实验室还建造了全球规模最大的人工神经网络系统。该系统在一周的时间内通过 YouTube 网站的视频进行深度学习，最终能够自主识别视频中的猫，这是人工智能领域在深度学习上的一次重大成功。在深度学习的影响下，谷歌公司开发了诸多人工智能产品，例如谷歌眼镜、谷歌图形搜索，以及谷歌旗舰级的搜索引擎等。

随着深度学习技术的不断进步以及数据处理能力的不断提升，2014 年，Facebook 公司开发的基于深度学习技术的 DeepFace 项目，在人脸识别方面的准确率已经达到 97% 以上，达到甚至超过了人类识别的准确率。2016 年，谷歌公司基于深度学习开发的 AlphaGo 围棋博弈程序以 4∶1 的比分战胜了国际顶尖围棋高手李世石。后来，AlphaGo 又接连和众多世界级围棋高手过招，均取得了胜利。这也证明了在围棋界，基于深度学习技术的机器人已经超越了人类。

2017 年，基于强化学习算法的 AlphaGo 升级版——AlphaGo Zero 横空出世。其采用"从零开始""无师自通"的深度学习模式，以 100∶0 的比分轻而易举打败了之前的 AlphaGo。除了围棋之外，AlphaGo Zero 还精通国际象棋等其他棋类游戏，达到了人工智能在博弈方面的顶峰。此外，深度学习的相关算法在医疗、金融、艺术、无人驾驶等多个领域也取得了显著的成果。

3.5　本章内容小结

本章主要讨论了人工神经网络和机器学习的相关知识。人工神经网络是目前人工智能研究的重点领域，其中很多研究成果已经从理论走向了应用，并开始影响我们的社会生活，例如各种图像识别、语音识别技术等。由于人工神经网络和机器学习所涉及的领域和范围较广，难度较大，因此，本章主要从人工神经网络最基本的模型——感知机开始，详细讲述了单层感知机和多层感知机的基本原理，以及监督学习和无监督学习的相关基础知识。

感知机是人工智能中模拟人类的感觉和神经系统所设计的一个抽象模型，它能够像人类的神经元那样，接收外界的刺激信息，并进行评估、传递和反应。通过这样的类比，我们就可以更好地掌握感知机的基本功能。但是，当需要处理的输入数据较多时，使用单层的感知机是无法有效处理所有信息的，这时就需要通过多层感知机进行分别处理和综合判断，因此，人工神经网络进一步发展成为更为复杂的多层的网络结构，其中包含输入层、输出层和多个隐藏层。

早期，感知机中的激活函数中的权重赋值是通过人工判断和测试生成的，在数据量较大时，为了实现更好的分类效果，通过大量的训练样本进行监督学习或者无监督学习能够更好地实现人工神经网络中参数的设定。随着人工神经网络的复杂性的递增，机器学习也逐渐向更加复杂的深度学习发展，但是其基本原理还是相通的。这些基础知识是我们了解目前人工智能发展的理论基础，也是进一步学习神经网络和深度学习的前提。

3.6　本章练习题

1.（单选题）人工智能中的感知机是（　　）。

A．基本的神经元

B．一种黑盒系统

C．通过激活函数对输入信息进行二进制分类的模型

D．无法实现神经元的突触的功能的

2.（单选题）关于感知机中的激活函数，描述正确的是（　　）。

A．激活函数可以简单理解为输入和权重的和

B．激活函数可以进行非线性分类

C．激活函数的参数就是输入信息

D. 激活函数可以是多元高次方程

3.（单选题）以下是正确的线性分类的是（　　　）。

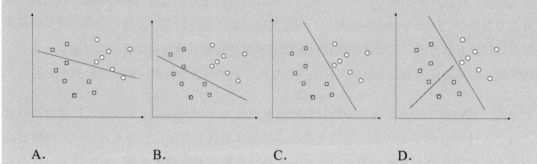

A.　　　　　　　　B.　　　　　　　　C.　　　　　　　　D.

4.（单选题）关于人工神经网络，描述正确的是（　　　）。

A. 和生物神经网络无关的一种算法　　　　　B. 由一层或多层感知机组成

C. 和生物神经网络具有相同的功能　　　　　D. 神经网络中不需要激活函数

5.（单选题）关于机器学习，描述不正确的是（　　　）。

A. 监督学习是一种机器学习方法　　　　　B. 无监督学习的效率低于监督学习

C. 机器学习就是让机器人学习的一种方法　　D. 深度学习是机器学习的一种改进

6. 简要叙述机器学习和深度学习之间的区别与联系。

7. 谈谈你在生活中遇到的有关机器学习的应用。

第 2 篇

人工智能的应用

第 4 章

图像识别与人工智能

本章学习重点

○ 掌握图像数字化的过程

○ 了解数字图像中像素点的颜色信息表示

○ 了解基本的图像分割技术

○ 掌握基于阈值的图像分割和基于边缘的图像分割

○ 了解图像识别的基本过程

○ 了解人工智能在图像识别中的应用

本章学习导读

本书第 1 篇主要介绍了人工智能的发展历史和一些重要的基本概念，并且分别从符号主义学派、连接主义学派和行为主义学派三个研究取向，讨论了人工智能在专家系统、知识工程、人工神经网络等方面的基础理论和知识。这些基础的理论对于我们在其他领域实现人工智能的技术应用和技术融合非常重要。

从本章开始，我们尝试将那些人工智能理论，例如神经网络、机器学习等应用到具体的实践当中。目前，人工智能已经在图像、语音的处理和识别等应用中取得了非常瞩目的成就，以人脸识别和语音识别为基础的各类安保系统、交互语音系统等逐渐在社会中广泛应用，并发挥着重要作用。

本章主要介绍计算机图像数字化的一些基本原理，以及在此基础上，人工智能如何应用数字图像模拟人类"看世界"的过程。从人工智能的角度看，视觉是人类获得外界信息的最重要的途径。因此，人工智能的研究中首先需要实现计算机对人类视觉的功能模拟和再现。由于计算机内处理数据和信息的方式的特殊性，人类的视觉功能主要通过图像数字化的形式表示和实现，并在图像的基础上进一步加工和处理。本章主要内容如图 4.1 所示。

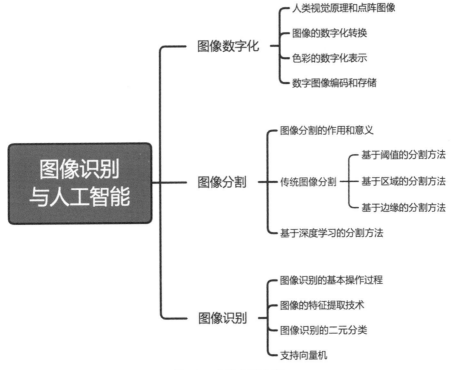

图 4.1 本章主要内容

本章的核心知识点如图 4.2 所示。首先，如果要实现机器的自动化图像识别，第一步操作是将自然环境中的图像进行数字化处理，即通过二进制数据方式将自然界中的色彩信息转换成 RGB 信号。其次，转换完成后，还需要通过图像分割技术将图像中的待处理主体和背景环境分离开，这样才能进行更加精确的目标分析。最后，对待处理主体进行特征比对和分析，完成图像识别的功能。其中，人工智能主要应用于图像分割，以及特征提取和图像识别的部分，尤其在特征提取部分，由于数字化图像的数据量庞大，因此传统的图像处理方法效率低下，但是卷积神经网络的应用大幅提高了处理速度和识别的准确率。

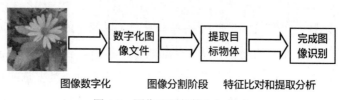

图 4.2 图像识别的核心知识点

4.1 计算机内图像的数字化表示

数字图像处理技术是计算机学科中一个非常重要的研究方向。随着数字图像处理技术的不断发展，新的处理方法层出不穷，逐渐形成了相对比较系统和完整的一套理论体系。数字图像处理技术及其相关理论是计算机多媒体技术的核心内容，并逐渐拓展和影响到了很多其他学科的发展。总之，数字图像处理目前已经逐渐成为心理学、生理学、计算机科学等诸多领域内的重要研究工具，也在军事、遥感、气象等大型应用中发挥着重要作用。

4.1.1 人眼成像的原理

人类的视觉是通过视觉系统的外周感觉器官（眼睛）接受外界环境中一定频率范围内的电磁波刺激，经中枢有关部分进行编码加工和分析后获得的主观感觉。人的眼睛是视觉系统的重要外部感受器，眼睛主要由瞳孔、视网膜、晶状体、视神经等几个部分构成。其中，视网膜上分布着许多视细胞，这些视细胞能把光学刺激转变为神经冲动，因此很多情况下视细胞也被称作光感受器。

外界的光线经过角膜、瞳孔、晶状体和玻璃体，聚焦到视网膜成像，然后通过视神经传给大脑的视觉中枢，引起人的视觉感受。人眼中的晶状体是一个双凸面的透明组织，其基本功能类似于一个凸透镜，是眼球中重要的屈光间质之一。

光线经过晶状体的折射后，会聚焦在视网膜上，视网膜上分布着视细胞——视杆细胞和视锥细胞。其中，视杆细胞是感受弱光刺激的细胞，具有极强的光敏感度，主要用于察觉光线的强弱，即用来分辨亮和暗的信息，并不能觉察到色彩；视锥细胞是感受强光和颜色的细胞，即视锥细胞对外部环境的颜色特别敏感，主要用来形成彩色视觉信息。视杆细胞和视锥细胞最后会在光的刺激下产生电信号，通过层层的视觉神经传输到大脑皮层。大脑通过对传递进来的感觉信号进行加工和处理，实现从感觉到知觉的判断，从而理解外界事物并产生反应。

4.1.2　图像数字化的基本原理

从生物学的角度看，人类是通过眼睛感受外界的光线，并通过大脑形成对外界图像的感受和认知的。计算机在实现图像的数字化处理时，也采用模拟人眼视网膜中的视杆细胞和视锥细胞进行光电转换的方式，将外界的光信号转换成计算机能够处理的数字形式的二进制数据，把真实的图像通过数字化转变成计算机能够显示和存储的格式，然后再进行分析处理。一般来说，图像数字化的过程分为采样、量化与编码三个步骤。

图像的采样过程采用类似视杆细胞和视锥细胞的形式，使用大量的"像素点"来模拟对应视细胞的作用。采样结果质量的高低通常使用图像分辨率来表示，即从水平和垂直方向把二维空间上连续的图像等间距地分割成矩形网状结构，所形成的每一个网状方格称为像素点。这样，一幅图像就通过采样转换成了有限个像素点构成的集合。例如，一幅 640 像素 × 480 像素的图像，表示这幅图像在水平方向被切分成 640 个点，垂直方向被切分成 480 个点，整幅图像就是由 640 × 480 = 307200 个像素点组成。如图 4.3 所示，要数字化的图像会被分割成像素点，图中的每个小格即为一个像素点。

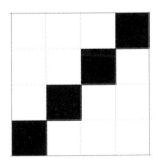

图 4.3　图像的采样

针对图 4.3 所示的采样结果，如果只有黑白两色，那么只需要通过记录每一个像素点的颜色就可以表示这个图像，例如，黑色用 0 表示，白色用 1 表示，那么图 4.3 可以转换成如下的数字形式：

[1，1，1，0]

[1，1，0，1]

[1，0，1，1]

[0，1，1，1]

其中的数值表示当前点的颜色，位置可以直接用数字在矩阵中的位置表示。在此基础上可以进一步进行线性化处理，即按照从上到下、从左到右的形式，依次将二维的平面像素转换成线性的一组数字，例如：

[[1，1，1，0]，[1，1，0，1]，[1，0，1，1]，[0，1，1，1]]

在进行采样时，采样点间隔大小的选取很重要，它决定了采样后的图像能真实地反映原图像的程度。此外，图 4.3 仅仅通过点标识了图像的基本形状，对于图像中色彩的还原，则需要通过彩色的点来表示。计算机通过三原色的形式对色彩进行组合表示，即通过将一个点的色彩分解成为红、绿、蓝三原色的形式来表示一个点的色彩。总的来说，原图像中画面的细节越复杂，色彩越丰富，我们越应该缩小采样点的间隔，这样才能更加精确地保存原图像的所有细节。

思考与练习 4-1　数码相机中的 CMOS 成像原理

CMOS 图像传感器是一种应用很广泛的图像传感器，我们日常使用的数码相机、手机摄像头等，都是使用 CMOS 图像传感器的。CMOS 图像传感器的核心部件包括像素阵列和辅助电路，其工作原理是光线通过照相机的镜头多次折射后，照射到 CMOS 的像素阵列，发生光电效应，最终在像素阵列内产生对应的电荷。CMOS 中的辅助电路会判断像素阵列是否产生了电荷，并传输到对应的信号处理器进行多次转换，最终转换成数字图像信号输出。

思考题 1：对于图 4.4 所示的像素点的示意图，可以看出其表示的是什么内容吗？如何将其转换成数字化的形式？

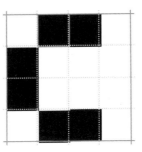

图 4.4　像素点的示意图

思考题 2：如何看待 CMOS 和人眼的对应关系？你能大致说明扫描仪的基本原理吗？

4.1.3　扩展——数字图像的基本属性和特征

外界环境的图像通过采样处理后就可以得到基本的数字图像。数字图像主要的参数有图像分辨率、像素深度、位平面数目、彩色空间类型，以及采用的压缩编码方法等。如上一节所述，图像分辨率是指一幅图像在数字化过程中采样使用的点的数量，通常使用每英寸图像内有多少个像素点（Pixels Per Inch，PPI）来表示，读作像素每英寸。图像分辨率更多的是用来表示图像的数字化过程中的采样精度，而日常生活中对已经转换成数字格式的图像，更多的是直接使用"水平像素数×垂直像素数"来表示数字图像的分辨率。图像分辨率通常表示数字化图像的基本像素属性，有时也可以简称为分辨率。

像素深度决定彩色图像的每个像素可能有的颜色数。数字图像的每一个点都是通过分解成三原色的形式来表示彩色的，那么红、绿、蓝三原色的表示方式就决定了最后合成的色彩数量。以三原色中的红色为例，计算机数字化过程并不是通过该红色的光学属性来表示红色，而是通过一种相对属性来表示的，即，将不含其他色彩的最浅的红色标识为 0，将不含其他色彩的最深的红色标识为 255。这个过程也就是把整个纯红色从浅到深分为 256 等份，而图像中某一个像素点的红色将会与这 256 个红色进行比较，相同时则使用相应的数值来表示这个红色。通常计算机内使用二进制来表示 256 时需要使用 8 个二进制位，因此通常称为 8 位。

以此类推，绿色和蓝色也可以通过这种形式进行表示，所以，在数字图像的表示中，需要使用 24 位二进制数据来表示彩色。对于一个 24 位的彩色点，通过组合可以计算出其可以表示的颜色总数量：

$$256（红色）×256（绿色）×256（蓝色）=16777216（彩色）$$

当然，数字图像中色彩的表示也可以使用其他位数，例如，如果以 6 位存储一个点，就表示图像只能有 64 种颜色；如果用 15 位存储一个点，则有 32768 种颜色。所以颜色位数越大，表示图像的颜色越多，也就可以产生更为细致的图像效果。通常数字图像的颜色使用红、绿、蓝三原色表示法，该方法也称为 RGB 表示法；此外，印刷出版行业经常使用青、品红、黄、黑四种颜料含量来表示一种颜色，通常也称为 CMYK 表示法，其基本原理与 RGB 表示法大致相同。

这样数字化表示的图像也称为位图图像、点阵图像或栅格图像，整个图像就是由单个像素点组成的。当位图图像放大至一定程度时，计算机上就可以看见构成整个图像的无数个像素点。此外，由于数字化处理后得到的图像的数据量十分庞大，例如，一幅 640 像素 × 480 像素的 24 位彩色图像，其数据量如下：

$$\frac{640×480（像素点数量）×24}{8（转换成字节）}=921600（字节）$$

可以看到，存储容量约为 1M 字节，因此实际应用中必须采用图像编码技术来压缩其信息量。为了使图像压缩标准化，20 世纪 90 年代后，国际电信联盟（ITU）、国际标准化组织（ISO）和国际电工委员会（IEC）已经制定并继续制定一系列静止和活动图像编码的国际标准，已批准的标准主要有 JPEG 标准、MPEG 标准、H.261 等。

思考与练习 4-2　数字图像的颜色表示

如图 4.5 所示，假设每个深色点都是黄色，其 RBG 模式的颜色可以表示为（255，255，0）。对于黄色的点，其 RGB 为什么是（255，255，0）？每一个数值表示什么含义？整个图像如果转换成像素点的形式，那么如何用 RGB 模式表示其转换过程呢？

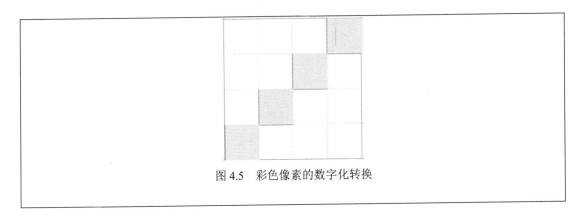

图 4.5　彩色像素的数字化转换

4.1.4　扩展——数字图像的存储格式

由于原始的数字图像文件存储器所需数据量巨大，不便于传输和使用，为了满足日常应用的需求，需要对图像数据进行变换、编码和压缩，以较少的数据量有损或无损地表示原来图像内容的技术就是图像编码技术。常用的压缩编码格式包括 BMP、JPEG、GIF、TIFF 等，这些格式各有特点，因此会应用于不同场景中。

BMP（Bitmap）采用了位映射存储格式，除了图像深度可选以外，不采用其他任何压缩算法。由于该格式是一种无压缩的编码形式，会造成 BMP 文件所占用的存储空间非常大，因此在文件的存储、传输等方面很不方便。为了更好地解决数字图像的存储容量问题，通常采用压缩处理技术。

JPEG（Joint Photographic Experts Group）是一种应用非常广泛的图像文件格式，它采用有损压缩方式去除掉图像中冗余的数据，因此能实现非常高的压缩率，同时算法也能够最大限度地保留原图像的关键性细节。但是有损压缩会在压缩过程中将图像中重复或不重要的资料去除，造成信息丢失，使最终解压缩后恢复的图像质量明显降低。

GIF（Graphics Interchange Format）是一种采用了可变长度等压缩算法的压缩格式，其压缩率非常高，且应用广泛。GIF 格式最多支持 256 种色彩的图像，并且一个 GIF 文件中可以存多幅彩色图像，如果将这些图像数据逐幅读出并显示到屏幕上，就可连续播放形成动画效果。

TIFF（Tag lmage File Format）编码格式通常用于数码设备，例如扫描仪、数码相机等。

TIFF 格式灵活易变，具有扩展性、方便性、可改性等特点，可以在绝大多数的个人计算机环境中运行，并实现高效率的图像编辑功能。

此外，互联网的应用中还经常使用 PNG（Portable Networf Graphics）格式。PNG 是一种较新的图像文件格式，能够提供 24 位和 48 位真彩色图像支持以及其他诸多技术性支持，具有非常好的性能和图像质量。

总之，无论哪种图像格式都以像素点的形式进行图像的数字化表示，其中，有损压缩是对图像本身的改变，在保存图像时保留了较多的亮度信息，而将色相和色纯度的信息与周围的像素进行合并，这样会删除图像中某些特定的像素点数据，但是有损压缩可以在较小地影响图像质量的情况下，尽量多地压缩文件的数据。无损压缩则能够比较好地保存图像的质量，但同时压缩率也相对较低。

4.2 图像分割——选择图像中的"物"

在实现了图像的数字化转换之后，计算机又是通过何种途径才能"认识"图像中的内容的呢？为了识别出图像中的内容，计算机需要首先利用图像分割技术，将一幅图片中的目标物体（待识别的主体）和周围的无关环境或者背景区分开，也就是"切割"出合适的核心图像区域，再判断图像中主体的具体特点和含义。

例如，在人脸识别系统中，就需要首先通过图像分割技术，正确将人的脸部轮廓从背景中标识出来，然后才能进行下一步的识别计算。因此图像分割技术是图像识别的基础和关键。目前，以图像分割为基础的图像识别系统广泛应用于汽车的自动驾驶、产品检测、图像编码、文档处理及安保等行业。

4.2.1 图像分割技术的意义和特点

图像分割技术就是把图像分成若干个特定的、具有特殊含义的区域的技术。图像分割技术是数字图像处理与分析的关键步骤，其目的是简化图像处理过程，或者改变图像的表现形式，使得图像更容易被计算机理解和分析。图像分割是实现计算机视觉功能的基础，是图像内容分析和理解的重要组成部分，同时也是图像识别和处理中的难点问题。根据图像分割在技术和原理上的差异，通常可以将图像分割方法划分为传统图像分割方法和基于人工神经网络的图像分割方法两大类。

传统图像分割方法是指根据数字图像中的灰度、颜色、纹理和形状等外部特征把图像切分成多个独立的区域，并在图像中已经切分的区域建立特征标识。简单来说，传统图像分割方法就是在数字图像的基础上，按照像素的特征实现的一种像素级别的数据分类。例如，对于一幅仅用灰度表示的人像照片（黑白照片）来说，同一个区域内部的像素一般具有相似的灰度值，即可以认为人脸部的像素点具有类似的灰度，而背景的灰度则和人脸部差异很大。这样，分割过程中就可以根据边界上的灰度特点，把具有同一特征的像素归为一类，从而实现把目标从背景中分离出来的目的。也就是说，传统图像分割方法就是根据人脸部和轮廓像素的特征与周围环境像素特征的不同，将人脸从环境中区分出来。目前，传统图像分割方法分为以下几类：基于阈值的分割方法、基于区域的分割方法、基于边缘的分割方法以及基于特定理论的分割方法等。

由于传统图像分割方法是基于像素特征的判断和处理，因此在图像背景复杂，亮度、色彩等特征不突出的情况下，图像的分割效率较低。近些年来，人工神经网络的发展迅速，各种基于人工神经网络的图像处理技术开始逐渐应用于图像分割中。基于人工神经网络的图像分割的基本思想是首先通过训练多层感知机来得到一个线性决策函数，然后再使用该决策函数对像素进行分类来达到分割的目的。例如，图像分割中通常会使用反卷积等特定的神经网络算法，首先使用卷积网络减小图像中的数据信息量并提取到图像特征，这样能够较好地解决图像中的噪声和像素特征分布不均匀等问题。

图像分割是图像识别中非常重要的一个预处理过程。通常情况下，图像的分割仅依据图像中像素的亮度及颜色，因此如果图像中存在清晰度、光照、噪声等因素的影响，将会降低分割的效率和精度。相比传统图像分割，基于人工神经网络的图像分割能够通过机器学习的方法不断调整和改进分割函数，因此在实际应用中能够更加有效地解决图像分割的难题。

4.2.2 基于阈值的图像分割方法

传统图像分割方法中的阈值分割是一种根据像素点的特征进行分类的基本方法，它可以简单地表述为通过选择和确定整幅图像中一个合适的像素点的信息作为阈值，然后将整幅图像中每一个像素点的灰度值与这个阈值逐个进行比较，通过比较结果就可以分割出图像中的主体部分。因此，基于阈值的分割方法的核心就是阈值的选择和确定。目前常用的阈值分割方法为固定阈值分割，所谓固定阈值分割，是指通过指定图像中的某一个或者一些像素值作为特定的特征值，从而按照该阈值进行整体图像的分割。

如图 4.6 所示，根据固定阈值分割方法可以对图左侧的菊花图像进行像素点的标注和区分，高于阈值的像素点标注为白色，低于阈值的像素点标注为黑色，那么最终可以得到图右侧的阈值分割效果图，系统会在此基础上再进行图像的选择和切分，例如切分出花瓣和花蕊，这样在后续的图像识别中能够更好地区分出花的特征。

图 4.6　阈值分割示意图

此外，普鲁伊特（Prewitt）等人于 20 世纪 60 年代提出的直方图双峰法（也称 mode 法）是另外一种常用的阈值分割方法，也是一种典型的全局单阈值分割方法。该方法的基本思想是假设图像中目标物体和背景差异较为显著，然后在此基础上通过整幅图像的灰度直方图特性来确定阈值。如图 4.7 所示，通过直方图的双峰特性，选取波谷处的灰度值作为阈值。如果整幅图像除目标物体之外的所有物体灰度类似，那么就可以实现图像中目标对象的具体分割操作。

此外，常用的阈值分割方法还有迭代式阈值图像分割，该方法需要首先根据图像中的灰度直方图求出图像的最大灰度值和最小灰度值，并求取阈值的平均值，然后不断地进行阈值的迭代，最终会生成一个相对合适的阈值数据进行图像分割。

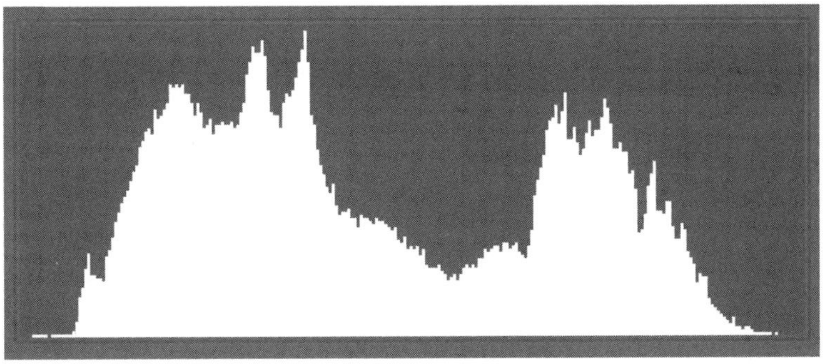

图 4.7　灰度直方图

　　阈值分割的优点是计算方法简单、运算效率较高，对于灰度值相差很大的不同物体和背景能够进行有效的分割。但是在许多情况下，物体和背景的对比度在图像中的各处是不一样的，很难用一个统一的阈值将其区分开，这时可以根据图像的局部特征分别采用不同的阈值进行分割。实际处理时，需要按照具体问题将图像分成若干子区域分别选择阈值，或者动态地根据一定的邻域范围选择每点处的阈值进行图像分割，这时的阈值为自适应阈值。

　　阈值分割的缺点是，由于阈值分割的方法只考虑像素本身的灰度值，一般不会考虑空间特性，因而阈值的选择和计算结果容易受噪声和亮度的影响。常用的全局阈值选取方法有利用图像灰度直方图的峰谷法、最小误差法、最大类间方差法、最大熵阈值分割法，以及其他一些方法，近年来的实际应用中会综合使用两种或两种以上的方法选择阈值。

4.2.3　基于区域的图像分割方法

　　常用的基于区域的图像分割方法有区域生长法和分裂合并法两种。其中，区域生长法的基本思想是通过不断迭代的方式，将属性相近的像素集合起来构成一个分割区域。具体操作就是先为每个需要分割的区域确定一个种子像素作为生长的起点，然后将种子像素四周邻近的像素与种子像素进行比较，如果与种子像素有相同或相似的性质，那么就合并到种子像素所在的区域中，以此类推，直到再没有满足条件的像素可被包括进来，最终就实现了整个图像的分割。

　　区域生长法的关键是需要选择一个能正确表示目标区域的种子像素，确定在生长过程中能将相邻像素包括进来的准则，以及生长的停止条件。通常我们可以选择灰度级、颜色、纹理等作为像素之间的差异特性。此外，种子像素可以是单个像素，也可以是一个小型区域，用这个区域的整体像素特性来决定差异性阈值。区域生长法的优点是算法实现比较简单，对于特性均匀且连续的目标有较好的分割效果，但是区域生长法比较依赖于种子像素的选择，且对图像的噪声比较敏感。

分裂合并法的基本思想和区域生长法的不同，区域生长法是从某个种子像素出发，不断比较和判断相邻像素，最后完成整幅图像的目标提取任务，而分裂合并法的操作过程可以看作区域生长法的一种逆向过程。分裂合并法的基本操作是从整幅图像出发，首先将图像分为若干个大型的"初始"化区域，然后再针对这个大型的"初始"区域进行分裂或合并操作，并按照这个规则进行迭代，直到最后将图像分割为数量最少的基本一致的区域为止。

可以这样理解分裂合并法，即在图像分割过程中，首先将其划分为四个象限的区域，如果这四个象限区域还不满足同一性质的话，就继续进行子象限的切分，直到所有的区域都满足同一性质。对于满足同一个性质的邻接区域，可以聚合这些区域，直到不含有具有同一性质的邻接区域为止。分裂合并法对噪声相对不敏感，但是计算复杂度较高。

思考与练习 4-3　基于阈值和区域的图像分割方法演示

如图 4.8 所示，使用分裂合并法进行图像分割，首先可以将其分解成四个象限。按照分裂合并的基本思想，接下来的操作应当是怎样的呢？

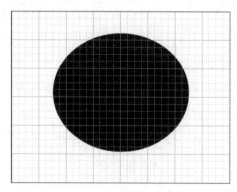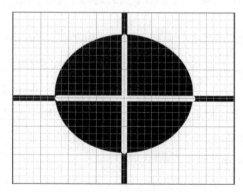

图 4.8　分裂合并法示意图

思考题 1：按照区域生长法，如果从左上角第一个像素点开始，我们得到的像素合并和图像生长的过程是怎样的呢？

思考题 2：如果按照基于阈值的图像分割方法，那么图 4.8 表示的图像会按照什么样的过程实现图像分割？请简单描述切分过程。

4.2.4　基于边缘的图像分割方法

边缘分割法是另外一种重要的图像分割方法，其基本的分割思想就是认为图像中的边缘就是图像中特定区域的分割界限，因此边缘分割法就是通过检测图像中的边缘特性，并按照这个边缘特性进行图像分割的一种方法。

图像中的边缘通常是指图像中两个不同区域的边界，这条边界是一系列连续的像素点。在此基础上，边缘分割法就是根据灰度级、颜色、纹理等特性，检查图像中像素点具有显著性变化的区域。如图 4.9 所示，左侧是原始图像，对于其中的菊花花瓣，可以通过色彩、灰度的差异作为边缘进行标注和切分，得到的结果如图 4.9 中的右图所示。

图 4.9　边缘分割法示意图

根据像素之间的差异，可以使用微分算子进行边缘检测，即通过求导数检测边缘的像素灰度值的差异性。常用的一阶微分算子有 Roberts 算子、Prewitt 算子和 Sobel 算子，二阶微分算子有 Laplace 算子和 Kirsh 算子等。在实际应用中，微分算子通常会使用区域作为一个计算模版，并使用图像卷积来实现微分运算。但是，微分算子对图像中的噪声比较敏感，因此边缘分割法也有一定的应用局限。

在图像分割方法的发展中，各种传统理论已经实现了很多种不同类型的分割方法，例如基于阈值的图像分割方法、基于区域的图像分割方法和基于边缘的图像分割方法等。但这些传统的图像分割方法大都是针对具体问题而设计的，目前还没有一种方法能够适用于所有图像分割。通过各种新理论和新技术的不断发现，图像分割也在不断突破，朝着更快速、更精确的方向发展。

4.2.5 基于深度学习的图像分割方法

传统的图像分割方法应用范围有限，对图像的噪声、颜色等因素敏感。人工智能和深度学习理论引入图像处理领域后，目前有很多基于深度学习的图像分割方法，根据实际分割应用任务的不同，大致可以分为语义分割、实例分割和全景分割三个主要方向。

语义分割的主要思想是将图像中的所有像素划分为对应的类别，这种方法主要通过标记和预测每个像素的含义来进行图像的分割。通常情况下，语义分割会将图像中目标物体的所有像素分离，并标记为特定颜色，有时这种操作也被称为密集预测。通过其基本的图像分割思路，可以看出其操作方法就是通过看像素是否目标物来进行分类。例如，为了对图像中的人脸进行分割，语义分割的基本思路就是应用深度学习，针对人脸部像素的特征进行分析，通过大量训练后就可以得到一个关于人脸部的基本特征的分类标准，在此基础上就可以实现对像素的分类和标识，最后完成整个图像的分割过程。

实例分割的主要思想是标识图像中每个对象的类别，而不是标识每一个像素的类别，因此实例分割的切分粒度要优于语义分割。例如，针对一幅多人合影的图像，如果采用语义分割，那么分割后会把所有的人脸当作同一个分割区域，因此会标识为相同的颜色，但是使用实例分割能够有效识别每一个人的脸部区域，并做出不同的标识。

全景分割是语义分割和实例分割的泛化，其主要特点是既要将所有的目标都检测出来，又要区分出同类别中的不同实例。

4.3　图像识别——辨别图像中的"物"

一幅数字图像经过图像分割后，就可以将图像中需要识别的主体和背景、环境等干扰物区别开来，在此基础上就可以对数字图像中的待识别目标进行最终的图像识别。通常情况下，对特定目标的识别过程需要首先提取特定目标图像中的基本特征编码，然后再通过提取的基本特征进行分类和判断，最终才能确定目标主体是否属于某一个具体的类别。

4.3.1　对待识别物体的特征提取

通常情况下，分辨一幅图像中的主要物体是什么时，需要根据指定物体具有的一些特殊属性来区分它们。例如，辨别不同的花的品种的时候，我们可以根据花瓣的大小、形状、色彩等基本的属性来区分不同种类的花。这种根据事物某些方面的特点进行提取的方法及过程称为特征提取。

在使用人工智能识别花品种的过程中，从图像中提取出能够被计算机所使用的各种特征是基础性操作，例如，我们将花瓣的长度、宽度、颜色作为花瓣的基本特征，再借助花瓣的数量、排列，花蕊的形状、颜色等信息，通过计算机算法进行分类和识别。但是进行特征提取时，我们并不能直接使用直尺进行测量，并且像素化的图像还有各种缩放处理，因此基本的数值还需要进行转换处理，这样的特征才能符合计算机进行分类的要求。

如图 4.10 所示，图像经过分割查找到画面的主体后，可以分别对花瓣、花蕊进行特征提取，提取结果以一种向量的形式保存，也称为特征向量。向量从形式上看是一组数据顺序排列而成，其中，数据个数称为向量的维度。例如，提取花瓣的向量（4.5，1.1，0.04）中的数据分别表示长、宽、弧度，也就是把描述一个事物的特征数值都组合在一起形成完整的特征向量。接下来，我们就可以把特征向量在坐标系内转换成特征空间。

由于花的形态各不相同，没有绝对统一的长、宽特性，而且很多不同品种的花花瓣颜色也可能相近，甚至图像拍摄时的角度会造成线条透视的变换等，这些都极大地影响着二维平面图像的最终像素化表达。所以，提取不同的特征向量对于花品种的识别也会有很大的影响。

特征的质量很大程度上决定了识别和分类的最终效果。因此，我们需要根据物体和数据本身具有的特点，考虑不同类别之间的差异，并在此基础上提取出有效的特征。

图 4.10　图像分割后针对花瓣的特征提取

4.3.2　通过对特征的分类识别物体

通过特征提取得到了关于花瓣的特征向量后，可以直接在坐标系内进行标注，这样的坐标系也称为特征空间。例如，特征向量（4.5，1.1，0.04）可以在特征空间内标注的点如图 4.11 所示，图中为了绘制二维平面图更加方便，暂时忽略花瓣特征向量中的第三个特征值。

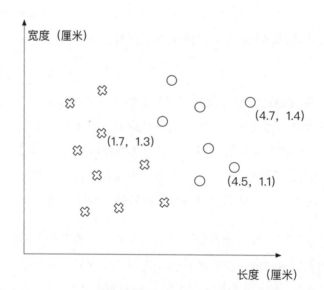

图 4.11　特征空间示意图

在特征空间内，我们对大量花瓣的特征值进行分类，即标识出哪些是菊花花瓣，哪些不是菊花花瓣。基于 3.2 节关于人工神经网络的知识，我们可以选择最简单的感知机来实现这个二元分类，针对感知机中的激活函数，我们需要依据花瓣的特征调整其参数，保证其输出结果就是感知机的 1 或者 0，在这里，1 就表示是菊花的花瓣，0 就表示不是菊花的花瓣。例如，激活函数的分类可以表示为图 4.12 所示。经过对感知机激活函数参数的不断调整可以看出，A、B、C 三种分类中 C 的分类效果最好，能够正确区分所有的样本数据。

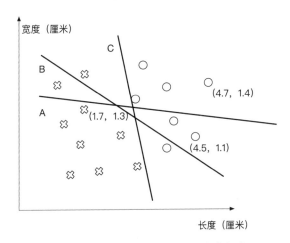

图 4.12　关于花瓣的多种二元分类方式

分类器本质上就是一个根据特征实现分类的函数，人工智能系统可以通过机器学习来优化这个分类函数，也就是让分类器学习得到合适的函数参数。在以上的例子中，训练分类器就是找到一条好的分类直线，对不同特征的数据进行分类。分类中训练和测试数据一般都需要使用有标记的数据，且训练数据的质量会直接影响到训练后分类函数的性能。

在确定了花瓣的属性特征后，如果希望能够正确地进行花的品种的识别，还需要对其他的特征进行识别和分类，比如，颜色、花蕊、花瓣数量等。这种情况下，我们就需要使用更加复杂的多层感知器设计一个更加复杂的神经网络来实现这个功能。如图 4.13 所示，我们在判断完花瓣后，结合花瓣颜色向量（RGB，RGB）表示的花瓣两端的颜色 RGB 值，以及花蕊的形状特征等，可以判断出花的类型是否菊花。

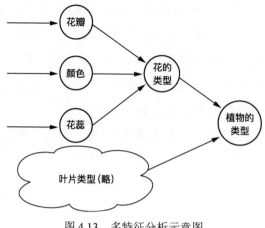

图 4.13 多特征分析示意图

在此基础上，还可以结合花的叶片类型增强对花类型的判断，这样通过不断增加提取的特征，形成一个复杂的神经网络，就能够完成对花的识别和分类。

4.3.3 图像识别中的支持向量机分类

在人工神经网络中，感知机是一种最简单的二元线性分类器。在应用中需要通过对激活函数的参数进行不断训练，调整其分类参数可以使优化后的分类器判断得更加准确。通常情况下，感知机在学习过程中需要通过一个损失函数对参数的调整规则进行计算和表示。损失函数是指在感知机的训练过程中，用来计算和测量分类器输出错误程度的表示。当损失函数达到一个足够小的阈值时就表示当前分类器的预测效果较好。

支持向量机（Support Vector Machine, SVM）是一种对数据进行二元分类的广义线性分类器。简单来说，支持向量机的分类方法的主要目标是寻找一个最优的决策边界，它到两个类别最近样本的距离最远。如图 4.14 所示，线性分类可以看作在二维空间中进行平面切分实现二元分类的，即通过平面上的一条直线将平面内的数据切分成两个部分。但是在人工神经网络中，特征空间更多的是一种多维数据，例如，如果数组较多，形成的特征向量就是一个多维存在，而分类器就不能是一条直线，而是一个平面。因此，如果不考虑空间维数，这样的线性函数统称为超平面。支持向量机则可以实现针对最优决策边界的一个多维空间的超平面分类。

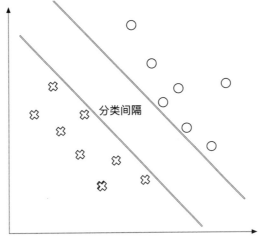

图 4.14　支持向量机示意图

　　支持向量机实现的对多维数据的二元分类及超平面的概念比较难理解，例如，三维数据表示时就需要使用三维坐标系。但是，总的来说，无论是感知机的二元分类还是支持向量机对多维数据的二元分类，其基本功能都是对一组数据按照既定的规则进行分类，而通过大量训练样本确定一个精确的分类函数就是应用神经网络进行机器学习的主要目标。

　　图像识别的本质就是特征提取和比对，但是实际处理过程却非常复杂，主要原因在于图像处理中的像素点的数量，且特征值和相应的参数过多，从而会严重影响识别效率。例如，32 像素 × 32 像素的图像，在处理过程中，神经网络第一层中的单个完全连接的感知机将具有 3072 个权重，随着图像分辨率的提高，神经网络的处理复杂度将会急剧提升，网络层数的增加也会限制其学习能力。因此，如果图像处理过程中全部采用全连接神经网络，这样的参数训练将极度复杂。为了解决这个问题，图像识别的应用中通常使用卷积神经网络。这主要是因为卷积神经网络采用局部连接而不是全连接，并且一组连接可以共享同一个权重，而不是每个连接都有一个不同的权重，这样减少了很多权重参数。此外，卷积神经网络使用池化层来减少每层的样本数，进一步减少参数数量，同时还可以提升模型的鲁棒性。

　　在我们的日常生活中，图像识别被广泛应用于人脸识别和身份验证等方面。人脸识别就是在图像或视频中分割出人的面部，以此实现身份验证的过程。一般情况下，识别过程包括：人脸图像采集及检测、人脸图像预处理、人脸图像特征提取、人脸图像匹配与识别四个基本步骤。其中，人脸图像采集及检测就是先通过摄像头采集人脸图像，再在图像中准确标出人脸的位置和大小；人脸图像预处理就是基于人脸检测结果，对图像进行预处理，如光线补偿、灰度变换等；人脸图像特征提取就是对图像中的人脸进行特征提取，例如，提取眼睛间距、面部比例、五官特点，以及是否戴眼镜、是否戴口罩等特征；在特征提取之后，通过将特征与数据库中已经记录的人脸特征进行比对，就可以得到识别者基本的身份信息。

通常我们可以使用人脸识别作为验证身份的一种方式，例如移动支付中可以通过人脸进行身份验证。但是，人脸识别或者图像识别中，图像的拍摄角度、光线等都会影响到识别率；人脸识别作为一种验证身份的方式也存在一些弊端，例如，使用打印的脸部图像能够"欺骗"人脸识别系统等，这也表示当前的图像识别技术还有很大的发展空间。

4.4　本章内容小结

图像识别和处理是目前人工智能一个重要的应用领域，本章从图像数字化的基本原理开始，讲述了图像处理的大部分内容。图像数字化是以像素的形式对图像进行数字化处理和存储的，在此基础上为了实现图像识别的功能，还需要通过图像分割将待识别的对象从复杂的背景图像中提取出来，最后通过特征提取和对特征的分类识别物体。也正是由于数字图像的像素化处理，在图像的识别过程中需要处理的数据量远远超过其他的应用场景，因此，人工智能技术，尤其是神经网络和卷积神经网络在图像识别中发挥着非常重要的作用。本章主要从基本的原理出发，简单介绍了图像处理的基本过程和思想。更加详细的图像识别技术还需要专门学习卷积神经网络和相应的算法。

4.5　本章练习题

1.（单选题）下列关于数字图像的描述不正确的是（　　）。

A. 数字图像是以像素点的形式进行图像的切分和取样的

B. 数字图像无法表示色彩，只能表示有无像素

C. 像素的色彩可以使用 RGB 三原色表示

D. 像素点是没有大小的

2. （单选题）RGB 彩色中，（255，255，255）表示（　　）。

A. 红色　　　　　　B. 蓝色　　　　　　C. 白色　　　　　　D. 黑色

3. （单选题）RGB 彩色中，R、G、B 的值分别使用 0～255 表示，那么一共有多少种颜色（　　）。

A. 24K　　　　　　B. 65535　　　　　　C. 16777216　　　　D. 无限制

4. （单选题）图像识别中的特征提取是指（　　）。

A. 提取数据的平均值　　　　　　B. 提取识别物体的特征值

C. 提取色彩值　　　　　　　　　D. 提取轮廓

5. （多选题）图像分割技术中传统图像分割包括（　　）。

A. 基于阈值的分割方法　　　　　　B. 基于区域的分割方法

C. 基于边缘的分割方法　　　　　　D. 全景分割

6. （多选题）图像识别可以应用于（　　）。

A. 文字识别　　　　B. 人脸识别　　　　C. 自动控制　　　　D. 身份验证

7. 简要叙述基于边缘的图像分割方法的操作原理。

8. 简要叙述图像识别的基本过程。

9. 目前部分人脸识别系统可以被 1∶1 打印在纸上的人脸"欺骗",为了避免这种情况发生,我们可以怎样提高系统的准确性?

第 5 章

语音识别与人工智能

本章学习重点

○ 了解声音的基本特征和声音的数字化

○ 掌握声音的数字化转换过程

○ 掌握采样频率在声音数字化过程中的作用

○ 了解计算机语音识别的基本操作步骤

○ 了解声音的频谱分析技术与声音的生物识别技术

○ 了解自然语言处理的基本概念

本章学习导读

语音识别是人工智能另一个非常重要的应用领域。简单来说，语音识别就是让计算机能够听懂人类的语言，实现人机之间的语音交互功能。语音识别技术是跨学科领域的，涉及信号处理、模式识别、概率论和信息论、人工智能等多个学科和研究领域。本章主要内容如图 5.1 所示。

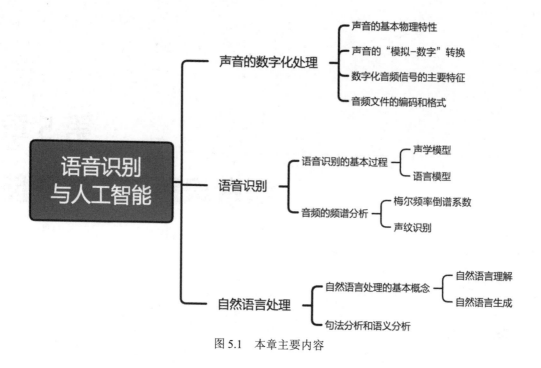

图 5.1　本章主要内容

　　本章从声音的本质和声音的三要素出发，分别介绍了声音的数字化转换、语音识别的基本过程与自然语言处理的简介和功能。如图 5.2 所示，本章先从声音波形入手介绍声音的模拟信号到数字信号的转换，接着按照语音识别的操作步骤，简要介绍了相关操作中涉及的基本概念，此外，由于目前人工智能领域中语音交互等应用逐渐成熟，本章的最后部分简单介绍了自然语言处理的相关知识。自然语言处理是让人工智能理解人类语言和说出人类语言的关键技术。希望读者能够借此对目前常用的语音识别系统有一个整体的认识和了解。此外，本章在基本概念的基础上，还强调了人工智能技术在语音识别和声纹识别中的重要作用和应用方法。

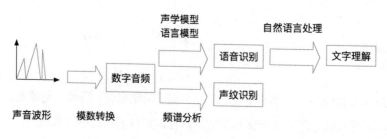

图 5.2　本章学习内容主线

近些年来，语音识别技术已经取得显著进步，并且逐步进入消费、通信、汽车、医疗服务等各个领域。例如日常生活中常用的智能手机中的智能语音助手，我们可以直接向智能语音助手进行提问，而智能语音助手软件能够听懂我们的问题并给予解答，这是应用人工智能技术之后取得的巨大成功。

5.1 声音的本质和声音的三要素

从物理学角度看，声音是通过介质的传播而形成的一种振动波。其中最先产生振动的物体称为声源，声源发出的振动以波的形式，通过空气、固体或者液体等传播介质进行振动传递，并最终被人或动物所感知。作为一种振动波，声音有其固有的特征，即频率和振幅。物体在一秒钟之内完成的全振动的次数叫作频率，单位是赫兹（Hz）。人的耳朵可以听到频率为 20～20000Hz 的声波，并且对频率在 200～800Hz 之间的声波最为敏感。人们把频率高于人耳所能听到的声波叫作超声波，把频率低于人耳所能听到的声波叫作次声波。虽然人听不到超声波和次声波，但是可以通过某些仪器和设备将其进行转换并应用到某些场景。振幅是物体振动时离开平衡位置最大位移的绝对值。振幅描述了声音振动的大小和强弱。

此外，根据声音振动状态规则与否，可将声音分为乐音和噪声两类。其中，乐音是指振动起来有规律，并且有准确的音高，听后能让人感觉愉悦的声音；相反，噪声是指发声体通过无规则振动所发出的一种声音，这种声音让人产生不愉悦的感觉。噪声除了与声源振动的无规则有关外，还与人们的主观感受和心理因素有关，很多时候，人们也把不喜欢的干扰声称为噪声。从客观的研究和分析来看，根据声音振动波的本质，声音的特性主要通过 3 个要素来描述，即响度、音调和音色。

- 响度主要表示人主观上对声音大小的感觉。响度的单位是分贝。从波形的属性上看，影响响度的因素包括声波的振幅和人到声源的距离。振幅越大，响度越大；人到声源的距离越小，响度越大。

- 音调主要由声波的频率决定，频率越高，音调越高。例如，我们经常通过音调的高低来称呼歌唱家为男高音歌唱家或男低音歌唱家。

○　音色是指不同声音在波形上表现出的特定形式。音色本质上是由基音和泛音决定的。

当我们应用计算机处理声音信号时，需要从声音振动波的原理和本质出发，将声音振动波的频率、振幅等物理特性，转换成为数字化的二进制信息。同时，计算机内经过处理的数字化音频信息，最终也要通过计算机的外部输出设备，例如耳机、音箱等重新转换为振动波，这样才能让我们再次通过感官感觉到数字化的音频信息。因此，我们在学习声音的数字化转换和处理时，应当熟悉和掌握声音的基本特性，并在实际应用中让这些特性更加有效地发挥作用。

5.2　声音的数字化转换和处理

声音是一种由声源振动产生的振动波，因此如何将物理上的这种波形转换成为计算机内能够存储和处理的数字化二进制信号，是应用计算机处理声音的过程中首先应当解决的问题。声源振动是随着时间变化而连续变化的物理量，也就是一种模拟信号。而计算机内只能表示和记录非连续变化（即有时间间隔）的物理量离散信号或者数字信号，因此音频的数字化处理过程一般称为"模拟-数字"转换（A/D 转换）。声音的数字化处理中，最常见的方法是脉冲编码调制（Pulse Code Modulation，PCM）。

5.2.1　模拟信号到数字信号的转换过程

应用脉冲编码调制方法将音频进行数字化处理的基本原理是将声音经过麦克风等信号输入设备，将声波这种模拟信号形成的连续的波形转换成一连串不同电压数值的离散信号（这里的离散信号是指在时间上非连续的信号）。声音的波形有确定的频率和振幅特性，通常情况下，频率特性对应于平面直角坐标系内的 X 轴（横轴），振幅特性对应于 Y 轴（纵轴）。因此，振动产生的模拟信号波形在坐标系内是一条光滑的曲线，这条曲线可以看成由无数点连接在一起形成的一条曲线，而声音的离散信号则是坐标系内非连续的点。因此，声音的数字化转换过程就是用间隔一定时间的信号样值序列来代替原来在时间上连续的信号。

在声音的采样过程中主要有采样频率、采样位数和声道数这三个重要参数，这三个参数影响着声音数字化转换过程的效果。

采样频率也称为取样频率，指每秒钟获取声音样本数据的次数。通常情况下，采样频率越高，数字化之后声音的还原度更好，数字化音频的质量也就越高。由于人耳能够感受到的声音频率不超过 20000Hz，因此，通常情况下并不需要过高的采样频率。

采样位数也称为采样值或取样值，是采样样本振动幅度的量化表示。它用来衡量声音波形中振幅的变化。采样位数越高，表示波形的振幅越精确，数字化音频的质量也就越高。

声道数概念的提出主要是考虑到人体需要通过两个耳朵实现对声音的空间判断。声道数主要有单声道和立体声之分，单声道的声音只能使用一个喇叭发声（有的也处理成两个喇叭输出同一个声道的声音），立体声的脉冲编码调制可以使两个喇叭都发声（一般两个喇叭发出的声音不同），更能让我们从中感受到空间效果。

"模拟-数字"转换的采样过程就是首先确定采样的频率值，即确定在一秒内获取的点的数量。声音波形中的频率和振幅的特征，在平面直角坐标系内波长对应于 X 轴（表示时间），波的振幅对应于 Y 轴。波是光滑的，弦线可以看成由无数点组成。由于存储空间相对有限，在数字编码过程中，必须对弦线的点进行采样，采样的过程就是抽取某点的采样值。很显然，在单位时间内抽取的点越多，获取的波长信息更丰富。

如图 5.3 所示，在相同的时间间隔下对波形的 A～G 点进行采样。采样完成后，可以通过存储这些点在 Y 轴的数值，将波形上主要的采样点记录下来。为了更好地复原声波的波形，一次振动周期中至少需要两个点的采样值。

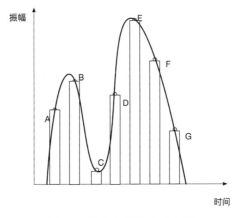

图 5.3　数字音频采样示意图

例如，图 5.4 表示采样频率较高的采样，这样的采样能够很好地复原波形。但是如果在采样过程中使用较低的采样频率，如只记录 A、C、E、G，如图 5.5 所示，那么将无法真实地还原波形。

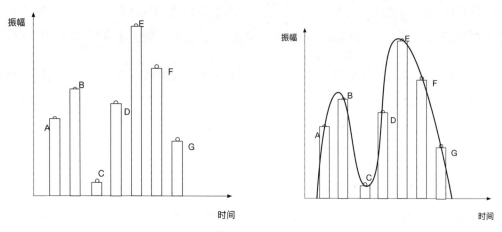

图 5.4　数字音频的还原示意图（一）

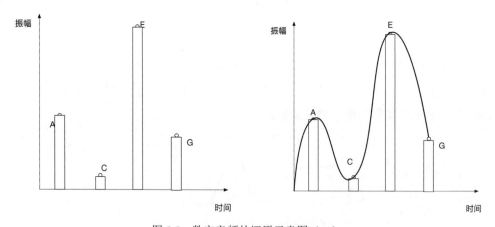

图 5.5　数字音频的还原示意图（二）

由于人耳能够感觉到的最高频率为 20000Hz，因此要满足人耳的听觉要求，则每秒至少需要 40000 次采样，即 40000Hz 的采样率[1]。按照固定频率采样后还需要确定每一个采样点在 Y 轴的高度，这就需要使用采样位数来表示了。采样率和采样位数的值越大，记录的波形就

---

① 20000Hz 是人耳能够感应的最高频率，为保证准确记录和描述一个周期的信号，需要在周期内采样两次，即采样频率需要是 20000Hz 的两倍，因此就是 40000Hz。

越接近原始信号的波形。

5.2.2　扩展——音频的数字化编码技术

计算机进行音频 A/D 转换的过程中，还需要使用特定的编码技术，将采集到的那些离散的数字信号按照一定的规律组织起来，形成可以表示一段声音的数值。目前主要有三种音频编码技术，分别是波形编码、参数编码和混合编码。

波形编码是指直接按照时间顺序将模拟信号变换为数字信号，编码过程中并不使用其他音频编码参数。也就是说，波形编码是在时间轴上按一定的频率对声音波形采样，再将振幅直接用数值量化表示。可以将波形编码看作一种直接按照时间顺序记录所有离散信号的点的编码方式。通过波形编码可以保证编码后的波形与原始声音信号的波形有非常好的一致性。脉冲编码调制就是一种最基本的波形编码方法。波形编码方法简单、易于实现，并且语音质量好。但是，波形编码的压缩比相对较低，会导致音频文件编码后的存储容量较大。

参数编码需要从原始声音的模拟信号中提取生成声音的一些特性参数，按照这些特性参数进行数字信号的编码转换，之后可以再使用这些声音特性参数生成模型，重构出语音。也就是说，参数编码需要把声音信号转换为一个数字模型，然后通过这个数字模型的模型参数，进行数字化编码和合成声音。参数编码的主要优势在于编码率较低，可以达到 2.4kbit/s，因此压缩效率较高。但是，参数编码的声音信号还需要通过数字模型再次还原，因此还原后的声音信号将会与原始声音信号存在较大失真。

目前常用的参数编码方法为线性预测编码（Linear Predictive Coding，LPC）。参数编码中的声音模型可以简单理解为一种编码的算法，编码算法的基本思想是如果按照一定的算法模型，波形是可被预测出来的，那么就说明可以通过这个算法还原出原始波形。以线性预测编码为例，该编码方式可以预估某些特殊的波形，这样在编码过程中可以有选择性地删除部分信号，也可以通过预估模型最终实现对原始信号数据的还原和重构。

混合编码是指同时使用两种或两种以上的编码方法进行编码。这种编码方法弥补了波形编码和参数编码的不足，并结合了波形编码的高质量优势和参数编码的高压缩效率的优势，进而取得比较好的效果。一般来说，波形编码生成的音频质量高，但压缩效率较低；参数编码的压缩效率高，但是也会在编码过程中产生失真；混合编码结合了参数编码技术和波形编码技术的技术优势，并保证音质和压缩效率介于它们之间。音频的编码技术在语音通信、多媒体等领域应用非常广泛，不降低原始语音的质量，并保持较高的压缩效率是音频处理的主要目标。

5.2.3　扩展——常见的音频文件格式

在我们的个人计算机中，基于脉冲编码调制且被广泛支持的音频格式是 WAV 格式。基本上所有操作系统下的音频软件都能支持 WAV 格式的数字音频。由于 WAV 格式本身可以达到较高音质的要求，因此它也是音乐创作的首选格式，通常适用于保存各类音乐素材和文件。此外，基于 PCM 的 WAV 格式常常被作为一种中介的格式，用于其他编码的相互转换之中。

MP3 是 Moving Picture Experts Group Audio Layer-3 的简称，是目前最为常见的音频压缩格式，其编码和压缩的原理主要基于一些声学模型，例如人耳的遮蔽效应等。由于声音信号实际上是一种在空气或其他媒介中传播的能量波，人耳对声音最直接的反应就是听到这个声音的大小（即响度或声压）。当人耳同时听到两个不同频率、不同响度的声音时，响度较小的那个声音通常会被忽略。根据这种原理，编码器可以过滤掉很多听不到的声音，以简化信息复杂度，增加压缩比，但音质没有明显降低。这种现象被称为人耳的"掩蔽效应"。根据这种效应，专家们设计出人耳听觉模型进行音频的压缩和编码，这样能够在不降低听觉感受的情况下，尽量减小音频文件的存储空间。因此，MP3 格式能够实现非常高的压缩率，还能够保证较好的音质，通常情况下，人的听觉无法分辨这种压缩带来的音质损失。

APE 是一种流行的无损压缩的数字音频格式。按照 APE 格式压缩处理后的文件虽然文件容量小于 WAV 格式，但是和 MP3 在编码压缩中产生信号损失不同，APE 的压缩算法并不产生信号损失，是一种无损压缩算法。除 APE 格式之外，FLAC 也是一种常用的无损压缩格式。

总的来看，作为数字音频格式的标准，WAV 格式兼容性最好，但是存储容量较大；MP3 是一种有损压缩格式，但是在编码压缩中产生的信号损失对音质影响不大，还能大幅降低存储容量；APE 和 FLAC 则是常用的无损压缩格式，能够保证音频质量不损失，存储容量则介于 MP3 和 WAV 格式之间。

5.3　语音识别——针对语言的处理过程

计算机语音识别的主要功能是把人说的语音转化成文字或者机器可以理解的指令，从而实现人与机器的交互活动。简单来说，我们可以把语音识别理解成一个简单的分类任务，即把用户说的每一个音节都和一个文字对应起来，这样就能够识别出用户的输入指令。

目前，语音识别技术已经相对成熟，并且在现实生活中得到了广泛的应用。常见的语音识别系统有语音输入系统和语音控制系统，相对于键盘输入，它们更符合人的日常习惯，也更高效。例如，智能手机中的语音助手能够实现按照用户的语音信息，识别出各种操作指令，进而控制手机的运行。

5.3.1　语音识别的分类和技术特点

1952 年，戴维斯（Davis）等人在贝尔研究所成功研制了最早的能够正确识别 10 个英文数字发音的语音识别系统；1960 年，英国的德内斯（Denes）等人研制了第一个计算机语音识别系统。20 世纪 80 年代后，语音识别的研究重点主要集中在大词汇量、非特定人的连续语音识别系统，主要的实现方法也从传统的基于标准模板匹配的技术，逐渐转向基于统计模型的技术。

计算机的语音识别可以根据不同的识别对象大致分为三类，分别是孤立词识别、连接词识别和连续语音识别。其中，孤立词识别是识别事先已知的孤立的词，例如早期计算机或者某些智能家电中会内置一些类似"开机""关机"的语音指令；连接词识别是指在连续语音中对特定的词语进行检测并识别的技术，如在"语音助手你好，你能帮我关机吗？"这句话中，连接词识别系统只需要检测"关机"这个词语就可以完成该条指令，也就是说这句话和说"关机"的效果相同；连续语音识别则是识别任意的连续语音，如对人说出的一个句子或一段话进行识别操作。

此外，也可以从说话者与识别系统的相关性考虑，把语音识别技术分为特定人语音识别、非特定人语音识别和多人的识别。特定人语音识别是指只能识别一个或几个人的语音；非特定人语音识别则可以被任何人使用；多人的识别通常能识别一组人的语音。通常，非特定人语音识别系统更符合实际需要，但它要比针对特定人的识别困难得多。

目前的语音识别主要使用模式匹配法，即在语音识别的训练阶段，用户将词汇表中的每一个词语都依次说一遍，计算机将提取其中的特征矢量，并将其作为模板存入一个模板库；在语音识别阶段，计算机再次提取用户输入的语音中的特征矢量，并依次与模板库中的每个模板进行相似度比较，将相似度最高者作为识别结果输出，这样就可以识别出用户输入的语音信息。

语音识别虽然能够使用模式匹配的形式实现用户输入信息的识别，但是对自然语言的识别和理解还有很多问题需要解决。自然语言的处理过程中需要将连续的讲话分解为词、音素等，其次要建立一个理解语义的规则。这样才能够实现对人的"语言"的理解，而不仅仅是对个别词语的"识别"。此外，由于语音信息庞大，不仅不同说话人的语音信息不同，即使同一个说话人在不同状态下语音信息也是不同的。因此，语音识别在处理个别语音信息上还有很大困难。最后，环境干扰、噪声、语气、语音的模糊性等因素也会影响语音识别的准确性。

5.3.2　语音识别从声音到文字的转换过程

在实际应用中，提高语音识别的识别效果和效率是一个非常复杂的任务，需要应用某些语音发音的固有特点和声学特性，再结合自然语言表达的一些基本规律进行分步运算和操作。语音识别过程主要包括语音信号的预处理、特征提取、模式匹配三个部分。

预处理是在特征提取之前对原始语音进行处理的运算操作，主要功能是消除噪声和不同说话人带来的影响，使处理后的信号更能反映语音的本质特征。最常用的预处理有端点检测和语音增强技术。端点检测是指在语音信号中将语音和非语音信号时段区分开来，准确地确定语音信号的起始点。经过端点检测后，就可以只对语音信号进行后续处理，这对提高模型的精确度有重要作用。语音增强的主要任务就是消除环境噪声对语音的影响。图 5.6 所示就是一段经过预处理之后得到的语音的波形信号。

语音录制完成并且经过预处理后，能够得到这样比较清晰的波形图，在这种波形图的基础上，能够排除各种噪声干扰，提高语音识别后续阶段的准确度。如图 5.7 所示，语音识别的后续过程主要有，经过预处理的语音信号首先使用移动窗函数，切分成若干个小段，这个过程称为分帧；得到独立的帧之后可以把帧识别为一个独立状态，再通过特定模型把相关的状态组合成为声母或者韵母，即音素，其中，把一系列独立的帧转换成为若干个音素的过程需要使用语言的声学特性，因此这一部分被称为声学模型；从音素到文字的转换过程需要用到语言表达的特点，这样才能从同音字中挑出正确的文字，最后组合成为正确的语句，因此这部分也称为语言模型。

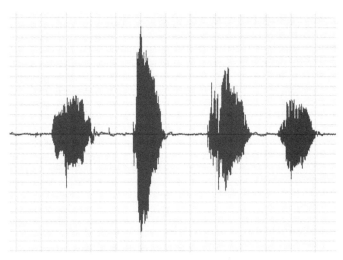

图 5.6　语音预处理后的波形图（"人工智能"四字的录音波形）

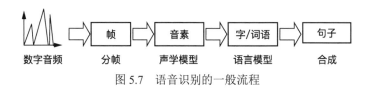

图 5.7　语音识别的一般流程

例如，通过音素（声学模型），并不能直接得到"人工智能"，而只能得到"ren gong zhi neng"，因此需要再使用语言模型，选择合适的字/词语进行组合，最后生成正确的语句。

语音识别系统的模型通常由声学模型和语言模型两部分组成。声学模型是根据训练语音库的特征参数，训练出声学模型参数。在语音识别的过程中，声学模型可以将待识别的语音的特征参数同音库进行匹配，得到识别结果。目前主要采用隐马尔可夫模型（HMM）进行声学建模。语言模型的主要功能是用来确定语音识别中的字/词的。语言模型主要分为规则模型和统计模型两种。

其中，基于统计语言模型的算法 N-Gram 使用简单，效率较高，因此目前被各种语音识别系统广泛采用。基于统计模型的算法主要使用概率模型来确定哪个词出现的可能性最大；或者根据当前已经确定的词语，由概率来预测下一个即将出现的词语。通过预处理、特征提取、声学模型和语言模型之后，语音识别系统就能够实现将语音转换成文字的功能。

5.3.3　针对声音频率特性的频谱分析技术

在数字化音频处理中，还经常会用频谱分析的方法进行音频的特征化处理。所谓频谱就是指频率的分布曲线，也就是指声音中所有振动频率的分布状态特性。这是因为在通常情况下，自然界所产生的声音大部分都不是单一频率的声音，而是由多种频率的声音混合在一起形成的。例如，不同乐器发出的声音，或者人的声带的振动发声，除了音调所对应的频率之外，还有一些高频成分（称之为泛音），这些高频成分对应的幅度各不相同，于是就造就了独特的听觉感受。

如图 5.8 所示为一段语音的频谱。其中，横坐标表示声音的频率；纵坐标代表频谱幅度，其含义是不同频率的声音所对应的强度，因此也可以认为频谱图反映了不同频率的声音所占能量的多少。由于每一段音频中不同频率的声音强度差异很大，所以频谱的纵坐标通常使用对数坐标。通过对图 5.8 的分析可以看出，这段语音频率的最大值为 24kHz，最大强度为 70 分贝。因此从频率和强度的关系方面来看，这幅频谱图能够表示发音人基本的发音特点。

我们通常只关注频谱幅度的相对大小，比如一段语音中，高、中、低频率的声音混合在一起，在频谱图中，幅度大的部分表示该对应频率的声音强度大（能量大），反之则表示强度小（能量小）。在语音识别中，通常采用梅尔频率倒谱系数（Mel-Frequency Cepstral Coefficients，MFCCs）进行频谱线性变换。梅尔频率倒谱系数可以通过频谱的形状，分析一段声音信号中各个频率声音的能量数值。此外，梅尔频率倒谱系数还具备一些其他功能，例如可以表示出声音信号中的共振峰特性，其中的共振峰是指声音频谱上能量相对集中的一些区域。因此，在语音的频谱分析上梅尔频率倒谱系数是一种应用比较广泛的技术手段。

在声音频谱特性的基础上，可以根据计算机显示的不同声源发声的频谱特征，实现对声源的特征识别。例如，可以通过频谱分析识别乐器的种类、乐器的性能及特点，也可以识别不同动物的叫声等。另外，由于人体发音器官是一个复杂的生理构造，导致任何两个人的声音频谱都有差异，而且这个频谱特征又具有相对的稳定性，因此在一般情况下，我们也可以通过声音特征来区别不同的人。所以，可以通过频谱分析实现对人的生物识别，即声纹（VoicePrint）识别。所谓声纹，本质上就指说话人的声波频谱信息，它和人的指纹、虹膜、面部识别等其他信息类似，可以作为识别人的依据。

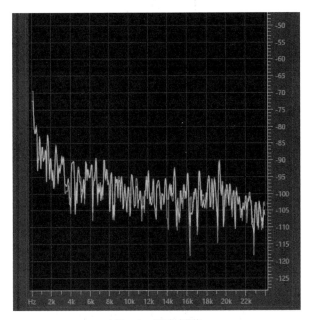

图 5.8　语音频谱

声纹识别中的关键性操作之一是声纹的特征提取。特征提取的主要依据是选择那些分辨性强和稳定性高的声学特征。其中，频谱、倒频谱、共振峰、基音、反射系数等是用于声纹识别的主要特征属性。声纹识别和语音识别的目的有很大的不同，声纹识别的目的是识别说话人的身份，而语音识别的目的则是识别语音的内容。目前声纹识别被广泛应用于身份认证中，此外，在公安司法领域，声纹识别技术可以通过电话录音等辅助刑侦办案。

5.4　自然语言处理——从听见到听懂

随着互联网技术和语音技术的发展，自然语言处理（Natural Language Processing，NLP）

的应用也显得愈发重要。例如，在互联网进行信息检索的过程中，原有的基于关键字的检索技术已经不能满足人们的日常需求，现在更加需要通过自然语言，让搜索引擎能够理解用户的检索目的，从而检索到用户所需要的信息和内容，也就是希望搜索引擎能够实现"提问——回答"模式的信息检索。此外，在语音识别、机器翻译、自动问答等方面，自然语言处理都是一个关键性技术。

5.4.1 自然语言处理简介

自然语言处理是计算机科学领域与人工智能领域中的一个重要研究方向，是语言学、计算机科学和数学的交叉学科。自然语言处理是以语言为对象，利用计算机技术来分析、理解和处理自然语言的一门学科。通过自然语言处理，可以使计算机能够理解人类的语言。

为了实现人与计算机之间通过语言进行交互，既需要计算机能理解人说出的话语，也需要计算机通过人类的语言表达出自己的意图和思想等。自然语言处理的核心内容包括自然语言理解和自然语言生成两个部分。自然语言理解是将自然语言转换成为形式化的、计算机能够识别和处理的语句；而自然语言生成，则是让计算机自动将词语组织成为人类能够理解的自然语言。换句话说，自然语言理解就是让计算机听懂人类的话，而自然语言生成则是让计算机会说人类的话。

从现有的理论和技术上看，无论是自然语言理解，还是自然语言生成，都是十分有挑战性的研究内容。建立一套通用的、高质量的自然语言处理系统，仍然是较长期的努力目标。目前，针对特定领域的自然语言处理系统已经取得了非常好的应用效果。例如，各种机器翻译系统已经能够较好地实现多语言转换和翻译。

自然语言处理的研究和早期人工智能的研究密不可分。20世纪60至70年代，机器翻译的研究进入停滞期，同时代的自然语言处理研究主要关注的是通过规则来建立词汇、句法语义分析工具，并设计和开发了一些机器翻译系统，但是都没有取得较好的效果。

深度学习是机器学习的一大分支，在自然语言处理中需应用深度学习模型，如卷积神经网络、循环神经网络等，通过对生成的词向量进行学习，以完成自然语言分类、理解的过程。

5.4.2　自然语言处理的功能和意义

自然语言处理的核心问题是自然语言中的语法理解问题和语义理解问题。其中，语法理解问题表现为句法分析问题，而语义理解问题则表现为语义分析问题。因此，自然语言处理中的句法分析和语义分析问题，是最基础的研究内容。

句法分析是指对语句中的词语及其结构进行分析。句法分析首先需要进行分词及词性标注操作，这两步操作也是后续自然语言处理的基础。所谓分词是指将一句话中的独立的字，按照自然语言的基本原则，组合成为语言中的专用词语。例如"玫瑰花是红色的"这句话，在分词过程中，有两种组合方式，既可以组成名词"玫瑰"，也可以组成名词"玫瑰花"，但是该语句只有"玫瑰花"的分词标注是正确的，"玫瑰花"作为整个句子的主语。只有正确实现分词及词性标注才能进行后续操作。

目前自然语言处理已经能够实现较好的句法分析效果，而语义分析方面仍然困难重重。所谓语义分析，就是在分词、词性标注的句法分析的基础上得到语句的完整语义的过程。语义分析可以有很多种分类形式，例如，从分析粒度上看，语义分析可以分为词汇语义分析、句子语义分析和篇章语义分析；从应用场景上看，语义分析包含概念语义提取、指称语义分析、情感语义计算、情感语义分析等。

语义分析是目前自然语言处理的重点和难点，尤其在语气、语境等因素的影响下，语义的理解更加困难。例如，我们日常生活中可能会说"你真的好厉害啊"，这句话如果不结合当时的语境、语气和态度等因素来看，我们可能无法正确理解它的实际意义和内涵。

目前自然语言处理主要存在的问题有两方面：一方面，自然语言处理还无法实现对前后语句的关系和谈话环境的综合分析，仅能够对一句孤立的话进行分析，因此分析歧义、词语省略、代词所指等问题还无法得到很好的解决；另一方面，目前自然语言系统只能建立在有限的词汇、句型和特定的主题范围内，这一点就局限了对自然语言背景知识的分析和理解。

思考与练习　自然语言处理中的分词和语义分析

分词是自然语言处理的基础，分词准确度直接决定了后面的词性标注、句法分析、词向量，以及文本分析的质量。英文语句使用空格将单词进行分隔，大部分情况下不需要考虑分词问题，但中文词语缺少分隔符，需要单独进行分词和断句处理。在自然语言处理中，成熟的中文分词算法能够达到更好的自然语言处理效果。目前常用的分词方法有基于词典分词算法和基于统计的机器学习算法。如果对下列语句进行分词操作，会得到什么样的结果呢？

例句：我爱北京天安门。

对该句进行分词首先得到"我"，将其作为代词；"爱"，作为动词；"北京"，或者"北京天安门"作为一个专用名词，这样就可以产生正确的词语切分。那么按照这个规则，下面两个例句应该如何进行切分呢？能达到我们想要的结果吗？我们又能从不同的分词结果中得到什么样的语句含义？

例句：你说说到底让我说你什么好呢？

例句：下雨天留客天留我不留。

趣味分词游戏：目前对于中文的分词已经能够取得非常好的效果，但是对于某些特殊的语句，分词完成后，语义分析是下一步需要解决的难题。

冬天：能穿多少穿多少。夏天：能穿多少穿多少。

请模拟这句话在计算机中的分词和语义分析过程。

5.4.3 自然语言处理与人工智能技术

目前在自然语言处理中，神经网络和深度学习已经取得了广泛应用。例如，在句法分析和语义分析中都在大量使用卷积神经网络对词语向量进行机器学习，以完成语料库中词语的分类。与传统的自然语言处理方法相比，基于深度学习的自然语言处理技术能够以词或句子的向量化为前提，不断自主学习，从而掌握更高层次、更加抽象的语言特征，满足大量特征工程的自然语言处理要求。

此外，深度学习已经能够通过算法提高运行效率，为自然语言处理提供了强有力的支持，在很大程度上提升了自然语言处理的效果。但是，我们也应该认识到自然语言处理的核心仍然是语言学，目前自然语言处理中面临的困难依然是语义理解。因此，如何综合应用大数据技术和深度学习，从海量的网络文本数据中建立训练样本，通过语言学的基础理论，使语义的理解和表达更加准确是将来研究的重点方向。

尽管深度学习在自然语言处理中取得了一定的成功，但由于自然语言处理的复杂度较高，需要使用更多隐藏层的深度神经网络，因此会导致整个深度学习过程缓慢，在语义理解方面的可解释性还有待提高。目前基于深度学习的机器翻译系统已经能够较好地实现一些常规的双语翻译工作，但是机器翻译对一些特殊的复杂长句的翻译效果还不是很好。此外，自然语言处理还需要在语境分析、语气理解等方面进行提升。总的来看，只有当深度学习和其他认知科学、语言学结合时，才可能发挥出更大的威力，解决语义理解问题，带来真正的语言方面的"智能"化。

5.5　本章内容小结

简单来说，语音识别技术就是让计算机拥有"听"的能力。为了实现这个功能，首先需要了解声音的基本属性和特征。声音作为一种模拟形式的波，需要转换成数字形式的数据，这种转换称为模数转换。在数字化过程中主要有采样频率、采样位数和声道数三个主要的参数，这是保留音源精度的关键。语音识别主要通过预处理、特征提取、模式匹配等几个步骤，应用声学模型和语言模型将语音进行切分、特征分析和模式匹配。

此外，通过对声音的频谱分析，还可以实现对发声人的声纹识别功能，这项技术主要是利用了人的声带发声中的频率特征和强度特征，其目前也被广泛应用于日常的安保、加密等。自然语言处理是以语言为对象，利用计算机技术来分析、理解和处理自然语言的一门学科。自然语言处理主要应用于机器翻译、文本分类、问题回答、文本语义对比、语音识别等方面。

5.6　本章练习题

1.（单选题）关于声音的数字化处理，下列描述正确的是（　　　）。

A．声音的数字化处理就是一种模拟信号到数字信号的转换过程

B．采样频率决定数字音频的音量高低

C．采样精度表示时间轴的信号转换

D．数字化处理是一种信号无损的处理

2．（单选题）关于采样频率，下列描述不正确的是（　　）。

A．采样频率的单位是赫兹（Hz）　　　　　　B．采样频率越高越好

C．采样频率是决定音质好坏的唯一因素　　　D．采样频率通常需要40000Hz以上

3．（单选题）数字音频格式中无损压缩的主要特点（　　）。

A．保证了整个模拟信号的数字化转换中信息无损失

B．保证了数字音频的格式转换中信息无损失

C．存储容量相对较小

D．以上均不正确

4．（单选题）关于语音识别，下列描述正确的是（　　）。

A．连接词识别能够正确识别整句话

B．语音识别可以直接通过模拟信号进行识别

C．语音识别主要包括预处理、分帧、组合、特征识别等多个步骤

D．语言模型负责音素合成

5．（单选题）目前流行的生物识别技术不包括（　　）。

A．指纹　　　　　　B．声纹　　　　　　C．虹膜　　　　　　D．语音识别

6. 如何理解语音识别和自然语言处理的关系?

7. 简要叙述语音识别的基本过程。

第 6 章

机器人和智能体

本章学习重点

- ○ 了解机器人学的发展历史和主要研究内容

- ○ 掌握机器人的三个基本组成部分

- ○ 熟悉机器人中的感应器、效应器的主要功能和目的

- ○ 了解软件机器人（智能体）的基本概念和案例

- ○ 熟悉目前流行的智能机器人设计

- ○ 了解机器人设计中的传感器和控制系统

本章学习导读

早期人工智能研究的目标就是创建一个能够完全模拟人类思考和行动的智能体，但是由于当时基础理论和硬件技术的限制，类人机器人的研究进展并不大。之后，随着人工智能研究的不断完善，各类传感器技术、精密机械制造技术的进步，类人机器人的研究也取得

了进一步的突破。本章主要内容如图 6.1 所示。

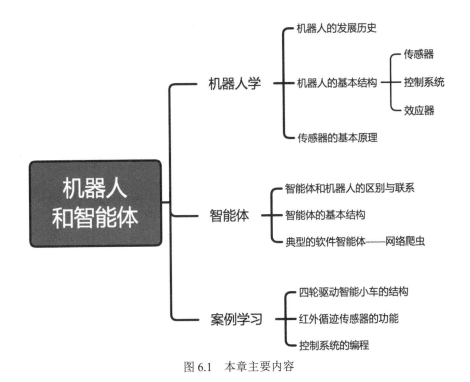

图 6.1　本章主要内容

　　机器人学就是以模拟人类行动的机器为研究对象的一门科学，其研究内容和人工智能的发展密切相关。机器人学展示了人工智能级别的真实系统，具有明确的输入（传感器）、输出（效应器）和用于理性决策的人工智能算法。可以说，机器人学是人工智能算法在真实世界中的延伸。

　　由于智能机器是一个综合性的课题，除运动部件，例如机械手和步行机构外，还要研究机器视觉、触觉、听觉等传感技术，以及机器人语言和智能控制软件等，因此，其可以被看作一个涉及精密机械、信息传感技术、人工智能方法、智能控制，以及生物工程等学科的综合技术。

　　除机器人学的研究之外，以软件形式实现的智能体的研究也获得了一定成功。软件智能体从其基本的运行原理上看，和机器人并没有很大区别。两者的主要区别在于，软件智能体是一个存在于软件环境中的软件实体。和机器人类似，软件智能体也具备用于感知环境的一个或者多个传感器的效应器，以及一个中枢控制系统。本章以网络搜索中常用的网络爬虫为例，简要介绍了典型的软件智能体的结构。

6.1 硬件类型的机器人学

在人工智能的主要研究流派中，行为主义学派对人工智能的研究重点就是机器人及其控制系统，希望能够模拟人在控制过程中的智能行为和作用。这一学派的代表作首推布鲁克斯（Brooks）的六足行走机器人，它被看作新一代的"控制论动物"，是一个基于"感知-动作"模式模拟昆虫行为的控制系统。

在人工智能的发展历史上，行为主义学派的研究和符号主义学派、联结主义学派的研究由于观点和研究方法的不同而各自独立发展，在一段时间内，机器人学的研究主要集中在各类传感器及精密机械的设计方面，更多的是研究控制机器人的机械功能。但是机器人学的研究始终都是和人工智能中其他领域的研究相辅相成的。

6.1.1 机器人学的简要发展史

人工智能的行为主义学派主要起源于维纳（Wiener）等人提出的控制论思想，该学派希望通过将信息理论、控制理论、逻辑，以及人工智能的其他方向综合起来，打造一个真正模拟人类行为方式的智能体。早期针对机器人研究的主要方向是模拟人在环境中，针对外部环境所能够实现的智能控制和智能行为，例如，人对环境的自适应、自组织和自学习等方面的研究。在机器人学发展的早期，研究人员还使用机器人系统模拟了生物系统，例如，实现了机器蜘蛛、机器蝴蝶和机器鱼等多种类型的生物系统。20 世纪 80 年代前后，由于控制理论、系统理论的不断完善，传感器技术、精密电机技术的大规模应用也为智能机器人的进一步发展奠定了基础。

斯坦福研究院人工智能中心于 1966 年开始研制具备人工智能的机器人，直到 1972 年终于研制出历史上第一台集成了人工智能算法的移动机器人 Shakey。为了实现对环境的感知和控制，Shakey 安装和使用了多种传感器，其中主要包括电视摄像机、三角测距仪、碰撞传感器、驱动电机，以及编码器。Shakey 的传感器通过无线通信系统连接到两台计算机，并通过计算机实现控制。在功能上，Shakey 可以通过传感器实现简单的自主导航。

但是 Shakey 当时使用的两台计算机运算速度非常缓慢，因此有时会需要通过几个小时的时间来感知和分析环境，并规划行动路径。虽然按照今天的标准来看，机器人 Shakey 的结构和功能非常简单，对外部环境的反应和自主运行较为迟缓，但它却是将人工智能应用于机器人最早的一个成功案例，它的成功为机器人学的研究带来了希望。早期科研人员还设计了一些机器人，用于探索地球之外的其他星球，比如，月球、火星、金星等。

从 20 世纪 70 年代末开始，随着计算机的应用和传感技术的发展，以及新的机器人导航算法的不断推出，移动机器人研究开始进入快速发展期。2000 年，由麻省理工学院的辛西娅·布雷泽尔（Cynthia Breazeal）设计了一种特殊类型的机器人 Kismet，该机器人仅仅模仿了人类头部的主要外形和功能，因此其自身并不能自主移动。Kismet 的设计目的是研究机器能否辨认和模仿人的情感、学习人的社会交往、实现与人类互动。Kismet 的主机包含许多输入设备，例如摄像头、麦克风等；同时 Kismet 还配备了能够驱动面部动作的设备，可以实现面部的基本表情动作，例如，皱眉、动嘴唇等。

波士顿动力公司 2005 年研究开发的大狗机器人可以在任何地形负重前行，并能够准确识别各种复杂地形，其已经被广泛应用到工程施工、矿业开采、公共安全、公共卫生等领域。此外，2015 年，日本软银机器人控股公司发布了仿人形机器人 Pepper。Pepper 支持通过无线网络接入云端服务器，利用基于云端的面部和语音识别，能通过判断人类的面部表情和语调的方式，读出人类情感，因此该机器人某种程度上可以成为人类的社交伙伴。Pepper 是会判读情感的人形机器人，能极大满足消费者的社交体验，其诞生将推动服务机器人进入家庭，可能成为家庭或人形机器人领域的一款革命性产品。

6.1.2　机器人的主要类型和区别

早期机器人的研究目标是设计和制造能够模拟人类的智能型机器，但是由于在应用过程中，这类拟人的机器人并不能很好地适应多种场景变化，因此，研究者开始逐渐从实际的环境需求出发来研究和设计机器人。目前，各类商业化的机器人在构造和形态上更加多样化，功能能适应多种场景，属于专用类型机器人。此外，机器人的应用场景也涵盖了陆地、水上、水下、空中，以及高温或其他特殊环境。

目前的机器人按照其基本形式大致可以分为固定型机器人和可移动机器人两类。固定型机器人也就是我们常说的机械手臂，它的主要应用场景是大型的工业环境。常见的固定型机器人主要从事精度要求较高的装配和焊接任务。固定型机器人的主要目的是替代人类进行高精度、可重复的指定任务，能够大幅提高工作效率。可移动机器人是指能够自由移动的机器人，主要包括腿式机器人、轮式机器人、水下机器人和航空机器人等几类。

腿式机器人又可以分为单足机器人、双足机器人和多足机器人等，可以模拟人类的移动；轮式机器人主要是指以轮式或者履带式进行驱动的机器人，其中轮式人的结构和设计最为简单，适用范围最广；水下机器人模仿的是自然界中的生物在水下进行运动的方式；航空机器人通常使用各类多翼的航空模型，大量应用于空中的无人作业，例如，目前的无人机就是航空机器人。此外，还有群体机器人的研究，这类机器人通常用于群体关系的协作等。

6.1.3　机器人的基本结构模块和组成

机器人的类型虽然较多，但都是基于相同的组成结构和原理进行设计和开发的。目前机器人设备中的核心部件主要包括传感器、效应器和控制系统三部分。这三个部分分别对应人体的视觉、听觉等感觉器官，人体的肌肉关节等机体反应器官和大脑这个中枢控制器官。

简单来说，机器人的传感器就是通过模拟人类的感觉器官，获取外部环境信息的设备。机器人通过视觉类型的传感器，包括照相机、红外相机、辐射传感器及距离传感器等，来模拟人类的视觉；通过麦克风模拟人类的听觉；通过特殊的化学品传感器模拟人类的味觉、嗅觉；通过碰撞传感器、压力传感器模拟人类的触觉等。此外，在机器人的设计中，有些特殊类型的传感器也被广泛应用，例如利用超声波雷达进行回声定位，利用电磁感应设备实现电场和磁场的感应等。这些特殊类型的传感器的使用大大增强了机器人的功能性和实用性，因此，很多情况下机器人的这些特定功能超过了人类，并能够替代人类完成很多危险性和对操作要求较高的工作。

机器人的效应器也称为动作器，主要包括各类驱动机器人的电机系统，机器人的行走，无论是通过多足、轮式传动，还是其他类型的螺旋桨等方式，都需要通过精密的电机系统控制机器人的运动，尤其是某些特定类型的机器人。使用多连杆进行传动控制，更加需要提高驱动电机的精确度。

机器人的控制系统可以被认为是一个将传感器感受到的外界环境信息，通过特定形式的判断，输出到效应器的系统。我们可以认为机器人的控制系统是一个类似人类大脑的中枢系统。因此，各类人工智能的方法主要是通过软件给机器人提供智能型的行为规划。如图 6.2 所示，机器人的系统结构和与环境交互的基本行为特点是模拟人类的行为操作实现的，通过传感器获得外部的环境信息，并传递到控制系统，控制系统进行综合的判断并下达指令，通过效应器控制整个机器人系统做出反应。

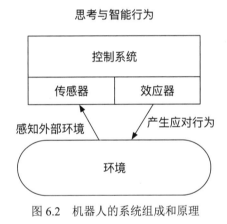

图 6.2　机器人的系统组成和原理

6.1.4　传感器的原理与应用

为了让机器人能够像人一样具备自主运动的功能，并且不依赖于人的操作和控制，首先需要在机器人中使用特定类型的感觉器官，实现机器人获取外界信息的功能。传感器就类似于人类的感觉器官，为机器人提供获取外界环境基本信息的硬件设备，是机器人感知外界的重要途径和手段。例如，机器人为了实现类似人类的视觉、触觉、嗅觉、味觉等特定器官的功能，具备外部环境的感知能力，需要配备传感器。

简单来说，传感器就是指用来感知特定外界事物，并能够按照一定的规律转换成可用输出信号的一种器件。我们日常使用的传感器一般由敏感元件、传感元件，以及转换电路三部分组成，有时，还需要增加部分辅助电源，提供能量。传感器的输入系统主要包括各种特定的敏感元件，这些元件获取的数据不是规范数据，很难进行处理。传感器的输出信号大部分是易于处理的电量信号，例如电压、电流或者频率。

传感器的基本工作原理如图 6.3 所示。首先，传感器通过敏感元件直接接触被测量的环境，把被测量环境的具体状态数据通过敏感元件产生的感应变化，转换为与被测量环境有一一对应关系，且易于转换的非电量参数。

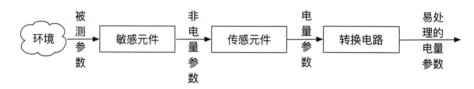

图 6.3 传感器的基本工作原理

在敏感元件转换得到非电量参数后，传感器还需要经过后续的元件将非电量参数转换为电子设备能够直接使用的电量参数。但是由于传感器输出电量参数的信号一般都很微弱，因此在最后还需要将传感器的输出信号进行调制，即将微弱的电信号放大和调制，从而利于整个传感器相关的电路系统进行读取和控制。

传感器转换电路的作用就是输出信号的调制信号，将传感元件输出的电量参数调制为电路系统中的电压、电流或频率等易处理的电量参数。

由于集成电路技术的发展，以及不同传感器设计和结构上会有差异，因此并不是所有的传感器都有敏感元件、传感元件和转换电路的显著的区分，集成电路设计中，有时会将它们的多个功能部件集成到一起。

在传感器的实际设计和应用中，对某一特定物理量的测量可以使用多种不同类型的敏感元件，这些敏感元件可能使用的是不同的测量原理，但是作为传感器，它们都具备相同或者类似的功能。此外，同一个传感器又可能具备多个功能，可以同时测量多种物理量。因此，传感器的分类一般采用两种标准，一种是按照被测物理量进行分类，如温度、压力、位移、速度等物理量，基于此，传感器可以分为对应的温度传感器、压力传感器、位移传感器、速度传感器等；另一种是按测量原理进行分类，例如应变原理、电容原理、电压原理、电磁原理、光电效应原理等，每一种测量原理，也都有对应的传感器。

传感器的基本特性是通过其输入信号和输出信号之间的关系来表示的。按照这种输入、输出之间的关系，传感器的特性可以分为静态特性和动态特性两种。静态特性是指传感器的输入是一个恒定信号，即信号不随时间的变化而变化；而动态特性是指传感器的输入是一个动态变化的信号，信号的数据会随时间的变化而变化。例如，机器人中常用的红外线传感器可以表示红外线能否被感应，因此输出信号是"有"或者"没有"两种状态，这两种输出是持续输出，直到外界的红外线发生变化；而常用的速度传感器则不同，它会持续输出当前传感器（装有传感器的机器人）的移动速度，速度是一个随时间变化的物理量，因此数据是变化的。

传感器的基本性能指标包括灵敏度、分辨力、漂移、线性度、量程和范围、重复性、滞环、静态误差和稳定性等。需要强调的是，分辨力是指传感器能够检测出被测信号的最小变化量（阈值）；漂移则是衡量一个传感器稳定性的主要指标。例如，通常情况下，传感器所在环境的温度变化会引起传感器的精度变化，因此很多时候都需要标注传感器工作环境的温度范围，超过该范围可能导致漂移较大，进而影响传感器的性能。

6.1.5 从传感器到机器人的感觉器官

传感器作为机器人的感受器，主要的功能是检测外部工作环境状态和机器人的内部工作状态，并能够按照一定的转换方式，将这些外部和内部的状态信息转换成电路可以使用的电流、电压等数据。机器人中的传感器除了可以按照特定的功能进行分类外，还可以依据机器人系统中获取信息的通道分为外部传感器和内部传感器。这些传感器获取外部、内部数据的功能就像人类的各种感觉器官一样，不仅需要判断外部的环境，还需要对自身的运行状态有相应的判断，这些外部、内部数据对于机器人的智能化行为都是非常重要的。

机器人的外部传感器就是我们传统意义上的视觉、触觉等传感器，主要用来获取有关机器人的作业对象及外界环境等方面的信息，是机器人与周围交互工作的信息通道。例如，机器人通过视觉传感器获得图像信息并进行分析，从而能够代替人眼去辨识物体并进行测量、判断，实现定位的功能。

机器人的内部传感器主要用来检测机器人内部的系统状况，如各运动部件的速度、加速度、温度，以及机器人内部效应器电机的速度、动力系统的状态，电池的电量、温度，输出电流、内阻等。这些内部传感器将所测得的关于机器人内部的结构信息作为反馈数据，送至机器人的控制器形成闭环控制。

目前的机器人应用中，人类的听觉能力通过声音传感器来获得。最简单的传感器就是麦克风，用来接收声波，显示声音的振动，但是麦克风只可以先获取声波，再进行后续的智能化的判断，例如，通过语音识别分辨出外界的语音指令，配合自然语言理解技术可以理解人机交互过程中的语言的意义等。当然，对于专业领域的机器人，可以使用超声波传感器等扩展机器人获取信息的能力。

人类的视觉能力可以通过图像传感器来获得。例如，通过摄像头可以得到外界的图像信息，如果配合红外线传感器等设备，还可以得到人眼不可见的红外线的数据信息。在这些传感器的基础上，机器人可以获得外部环境信息。如果配合图像识别功能，机器人系统就可以实现识别目标物体，并做出判断的功能。

目前机器人系统中还有很多其他常用的传感器。例如，距离传感器主要用于机器人对目标距离的测量，包括激光测距仪、声呐传感器等，近年来发展起来的激光雷达传感器在目前的智能型汽车上应用广泛，可用于汽车的导航和回避障碍物。此外，随着微电子技术的发展和各种有机材料的出现，一些触觉传感器的研制方案被提出，但目前大多处于实验阶段。还有接近觉传感器，其不仅可以测量距离和方位，而且可以融合视觉和触觉传感器的信息。这些新类型传感器的研究和使用，还会继续推动机器人的不断发展。

思考与练习6-1　自动驾驶中的传感器

目前流行的自动驾驶技术是指通过人工智能系统来自动控制汽车或者其他设备，通过大量传感器判断周围环境，并自动规划行驶路线的一种智能化系统。在自动驾驶系统中，传感器的作用是非常重要的，它必须能够清楚地分辨行驶途中的障碍物，并做出机器的操作判断。目前常用的汽车自动驾驶系统中使用的是雷达或者图像识别，你能简单描述这两种传感器的工作原理吗？

思考题：目前的自动驾驶系统，尤其图像识别系统经常会出现一些错误，例如，会把道路前方的蓝色障碍物或者白色障碍物认为是"蓝天""白云"。你认为这种错误是如何产生的？应该如何改进呢？

6.2 软件类型的智能体

人工智能领域的智能体（Agent）可以表示人工智能中具有智能化行为的硬件实体或者软件实体，但是由于具有智能化行为的硬件实体通常也用机器人来表示，因此，我们所说的智能体在很多情况下都表示软件实体。想要对智能体下一个确切的定义比较困难，通常可以认为智能体是在特定环境中，能够自主地发挥作用，具备主动性等特征的软、硬件实体。

FIPA（The Foundation for Intelligent Physical Agents）认为智能体是驻留于环境中的实体，它可以解释从环境中获得的反映环境中所发生事件的数据，并执行对环境产生影响的行动。著名人工智能学者海因斯·罗斯（Hayes Roth）认为智能体能够持续三项基本功能，感知环境中的动态条件，执行动作影响环境条件，进行推理以解释感知信息、求解问题、产生推断和决定动作。有研究者甚至认为智能体本质上就是人工智能的超集，因为判断一个程序是否智能体的关键就在于它是否利用了一个或者多个能够展示某种类型智能的属性。通常智能体的智能化属性主要包括理性、自治、持久、通信、合作、移动、适应这七个方面。

智能体作为一个存在于环境中的智能型实体，主要特点在于智能体能够实现理性的行为。智能体的理性行为和人类的类似，是指在维护自身的活动中，所采用的一些能够有效保护自身安全的行为和动作。为了实现理性行为，智能体也需要使用和机器人类似的结构系统，即包括用于感知环境的一个或多个传感器、一个或多个操纵环境的效应器，以及一个中枢控制系统。只是对于机器人，这些传感器和效应器是通过硬件系统实现的，而对于智能体，则需要通过软件的功能来模拟实现。

机器人是一个硬件的智能体，如果把机器人的物理硬件和软件智能体进行对比，我们就能更好地理解软件智能体的结构。例如，我们可以把网页爬虫软件当作一个典型的智能体软件。网络爬虫有时也称为网页蜘蛛，它是一种按照确定的软件规则，自动地连接互联网，并自动抓取互联网上网页信息数据的软件程序。网络爬虫是搜索引擎的重要组成部分，搜索引擎需要首先获取互联网中的所有网页数据和信息，对其进行文本分析并建立一个大型的数据库，才能在用户进行数据检索时快速搜索数据，而不用实时从网络搜索所有数据。

网络爬虫的运行原理是首先从一个或若干初始网页的网络地址开始，爬虫不断从这些初始页面上分析和提取新的网络地址，存放到一个地址队列，并不断地迭代和抽取新的网页，直到满足系统的停止条件。爬虫会对所有抽取的网页数据进行一定的分析、过滤、存储，并建立检索索引。

从智能体的角度来看，网络爬虫中传感器是网页的传输协议（HTTP），通过这个传输协议不断迭代获取网页的数据和信息；网络爬虫的控制系统是驱动网络蜘蛛行为的应用程序代码，控制网络爬虫通过传感器获取数据，并分析、过滤，存储，最后进行迭代；最后，网络爬虫还可以在策略的控制下，调整工作状态，避免死链接等，帮助用户收集互联网的网页信息。

目前各类软件类型的智能体已经得到了广泛应用，除网络爬虫之外，还有游戏系统中的 NPC（Non-Player Character，非玩家角色）。NPC 是一个更加直观的智能体。游戏中的 NPC 角色能够在游戏中实现自治，也能够实现和真实玩家交互、竞争、合作等多种类型的智能化行为。此外，还有目前各种设备中的智能助理、聊天机器人等也都是特定类型的智能体。

思考与练习 6-2 智能体的应用

智能体的概念比较抽象，初学者很难理解其具体的含义，但是日常生活中，智能体的应用十分常见。例如，游戏中的 NPC 是最常见的智能体，此外，很多鬼屋或者密室逃脱等场合也有 NPC 角色的参与，这些由真人扮演的 NPC 也可以看作在游戏中发挥着 NPC 的作用。让我们通过这些 NPC 角色在游戏中的作用和行为方式来探讨一下智能体的特点吧。

6.3　硬件机器人的结构和组建案例

如 6.1.3 小节所述，目前常见的机器人的核心部件主要包括传感器、效应器和控制系统三个部分。本节主要通过设计和制造一个简单的智能小车，来演示如何创建一个最基础的机器人系统。

在物理结构部分，智能小车可以使用目前市场流行的模块化的结构件进行快速搭建。图 6.4 所示是一个小车的初步框架，可以看到，小车的整体结构由一个结构框架和四个车轮组成。智能小车使用两个电机配合四个车轮作为效应器。效应器能够控制小车的前进、后退、转向等动作。电机是依据电磁感应形式实现电能转换成动能的一种装置，其主要的特点除了可以实现电能到动能的转换外，还包括可以通过电路控制输入电机的电流来控制电机的转速，从而实现控制小车速度的功能。比如，为了实现最简单的小车的转向控制功能，只需要让左右两侧的车轮产生速度差即可；再比如，如果左侧两个车轮停止转动，右侧车轮前行，那么会简单实现向左侧转向的功能。

图 6.4　小车的初步框架

小车还可以安装两个红外循迹传感器作为系统的感受器。红外循迹传感器是一种使用红外线进行信息感应的设备，其主要原理是由于红外线在不同颜色的物体表面具有不同的反射强度，因此传感器需要不断地通过一个设备向地面发射红外线，当红外线遇到白色纸质地板时，红外线发生反射，传感器接收到反射信息；当红外线遇到黑线时，则光线被吸收，传感器接收不到反射信息。因此，整个智能小车就可以通过这个红外循迹传感器来判断外部的道路标志，即识别道路上的深色线条，并按照该线条自助前进，实现"巡线"移动的基本功能。

该智能小车用的控制中枢是一块 ESP32 芯片的 MixGO 主控板，通过它来进行整个小车信号的输入/输出控制。如图 6.5 所示是一块 MixGO 主控板，其上的 ESP32 芯片支持 MicroPython 语言，因此能够通过编程来实现控制小车电机和传感器的功能。对芯片编程的过程也就是给智能小车设定"大脑"功能的过程。这样，整个小车就会在该程序的控制下，主动获取外部信息，控制行走。需要注意的是，通过转向控制方式来控制小车的精确转向还需要不断调整左右两侧车轮的速度差，这样才能比较精确地控制转向的半径，这就需要我们在智能小车的控制中枢上进行相对比较复杂的编程控制。

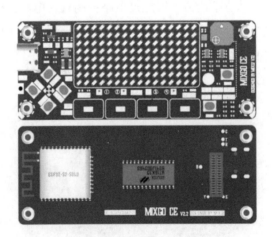

图 6.5　MixGO 主控板

硬件方面，MixGO 主控板除了 ESP32 芯片外，还设计了很多插脚，负责硬件上的信号输入和输出，因此，首先需要将电机和 MixGO 主控板上的对应管脚相连接，这样就可以通过程序进行控制，调整针脚上的电流输出，从而实现将电机速度数字化表示，如

图 6.6 所示。

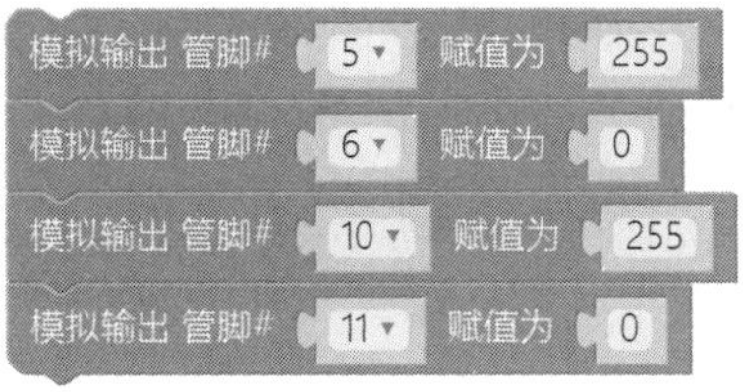

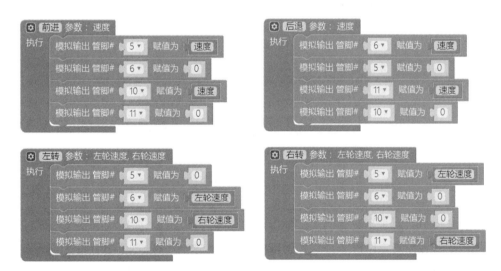

图 6.6　控制程序示意图

图 6.6 表示的接线方式：左侧两车轮电机的正极全部接到 5 号管脚；左侧两车轮电机的负极全部接到 6 号管脚；右侧两车轮电机的正极全部接到 10 号管脚；右侧两车轮电机的负极全部接到 11 号管脚。这样，智能小车左侧两个车轮的速度彼此一致，右侧两个车轮的速度彼此一致，进而控制小车整体前行。在此基础上，通过程序设定小车的前进、后退、左转、右转的代码模块如图 6.7 所示。

图 6.7　控制小车移动的代码模块

这样，我们就可以基本实现控制小车移动功能的效应器的主要设计，此外，还需要实现小车智能方向的控制功能。例如，我们可以为小车准备一个环形的跑道，如图 6.8 所示，小车将在跑道上沿着黑色线条"行走"，一旦它偏离了环形的黑色线条就要立刻调整运行方向，回到正确的黑色线条的轨迹上。这样，小车就可以简单按照外界跑道的条件控制自己的运行方向。

图 6.8　在环形跑道引导下的智能小车

为了控制智能小车按照指定路线"行走"，还需要安装使用红外循迹传感器。

红外循迹传感器也可以直接通过管脚连接到 MixGO 的主板上，并通过程序读取传感器的外部信息。通过图 6.9 所示的代码就可以读取红外循迹传感器，其中的 2 号和 3 号管脚表示两个红外循迹传感器。

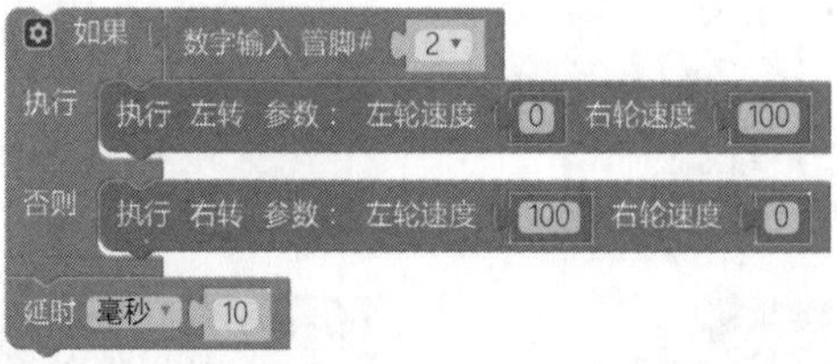

图 6.9　通过传感器控制小车的方向

通过两个电机、四个车轮、两个红外循迹传感器，以及以上的核心代码，就能够实现智能小车的启动、按照指定轨迹"行走"的基本功能。当然，这样的功能还非常基础，但是智能小车是一个最基本的雏形，在某种程度上看，它按轨迹运行的速度比 Shakey 的还要快。为了增强它的功能，我们可以再添加多个红外传感器，通过接收到的反射光，判断小车运行的前方是否有障碍物，如果有，则通过左转、右转、停止或者掉头来躲避障碍物，这样，这个智能小车的智能性又会提高不少。例如，图 6.10 表示了左、中、右三个传感器的反馈值，在这个基础上，可以判断小车的运行轨迹和方向。

在图 6.10 所示的障碍物逻辑判断表的基础上，可以实现对应的逻辑功能，例如右侧有障

碍物时，可以左转，避开障碍物等。最后需要设计对应的代码进行逻辑分析和判断，图 6.11
所示就实现了基本的躲避障碍物运行的功能。

情况数	详细说明	左（A1）	中（A2）	右（A3）
1	右有障碍	无物1	无物1	有物0
2		无物1	有物0	有物0
3	左有障碍	有物0	无物1	无物1
4		有物0	有物0	无物1
5	前有障碍	有物0	有物0	有物0

图 6.10　障碍物逻辑判断表

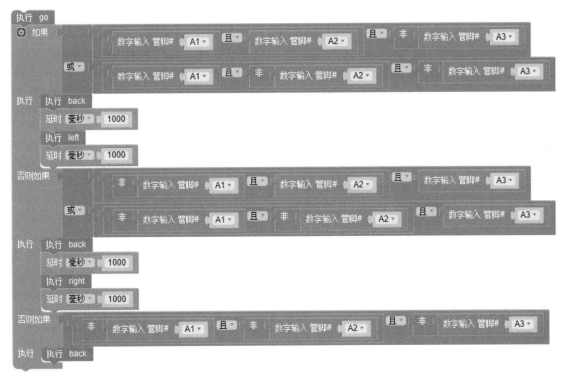

图 6.11　小车躲避障碍物的控制代码

添加了躲避障碍物的功能后，这个智能小车的功能又更加完善了。通过这个案例，可以比较清楚地感受到人工智能在智能机器人方面的基本设计思路和开发方法。总体来说需要牢记，为了实现更好的感知外部环境的功能，就需要配合使用多种传感器和更加精确的控制程序。上述的这个智能小车只是最基本的一个功能体验，如果希望这个小车能够更加"智能"，还需要不断提高传感器的精度，调整控制程序的运行参数，这样才能让它更加适应外部环境，并做出正确的判断。

思考与练习 6-3　如何增强智能小车的功能

在同等条件下，不添加额外的传感器和控制器，只是增强程序的控制功能就可以设计出不同智能程度的小车。

此外，即使相同的程序，我们也可以通过控制程序中的参数，来调整智能小车的运行状态，例如图 6.12 中控制小车方向的代码，如果修改延时为 100 毫秒，那么会发生什么情况？

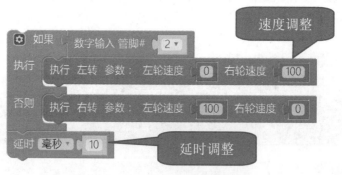

图 6.12　小车转向的参数调整

如果把右轮速度调整到 150，又会发生什么情况？

如何理解智能小车控制系统中的参数调整过程呢？这个过程和机器学习有什么关系？

6.4　本章内容小结

　　本章内容主要包括机器人学和智能体两个部分，其中，机器人学的研究除了关注机械的运动、控制部件外，机器人的中枢控制系统、图像识别系统、语音识别，以及语音输出功能等，都和人工智能的发展密切相关。智能体则可以被看作一个通过软件实现的具有机器人功能的实体。总的来看，各类机器人设备中的核心部件主要包括传感器、效应器和控制系统三部分。本章最后通过一个目前教学中常用的四轮驱动的智能小车作为教学案例，演示了机器人三个组成部分之间的关系和基本的实现原理。

6.5　本章练习题

1.（单选题）以下关于机器人学的说法正确的是（　　）。

A. 机器人学主要关注的是机械制造领域，与计算机领域的研究交集较少

B. 人工智能主要应用于机器人的控制系统

C. 机器人学是一门涉及精密机械、信息传感技术、人工智能方法、智能控制，以及生物工程等学科的综合技术

D. 工业领域的自动化机械手臂等形式的传感器较少，不能算是真正的机器人

2.（单选题）机器人的基本结构部分不包括（　　）。

A. 传感器　　　　B. 效应器　　　　C. 控制系统　　　　D. 计算机程序

3.（单选题）机器人的传感器是一种（　　）。

A. 输入设备　　　B. 控制设备　　　C. 效应器　　　　D. 智能交互设备

4. 如何理解智能体，它和机器人有什么区别和联系？

5. 对于基本的智能小车，其中的控制代码可以完成什么样的功能？

第3篇

人工智能的融合扩展

第 7 章

大数据与人工智能

本章学习重点

○ 了解计算机科学中数据和信息的含义

○ 理解数据维护过程中的重点和难点

○ 掌握大数据的基本概念和大数据的特点

○ 了解大数据技术和人工智能的融合应用

本章学习导读

大数据技术主要研究的是计算机能够获取的数据及其在数据基础上的信息提取活动，也就是说，大数据是通过对计算机内海量数据的管理和分析，提取出我们需要的知识，并为今后的判断和决策做出信息化支持的一个研究领域。因此，本章的学习中需要首先了解基本的数据处理技术，即应用计算机进行数据的处理、存储、查找、管理和维护。这些基本的数据处理技术是整个大数据处理的基础。本章主要内容如图 7.1 所示。

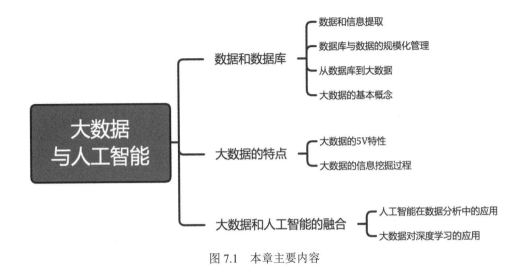

图 7.1　本章主要内容

随着信息技术的发展，尤其是互联网的发展，整个社会的数据量不断增长，早期的数据管理和处理技术，例如传统的数据库技术已经不能满足处理当前大量数据的需求。如何在海量的数据面前，快速分析和提取用户所需要的数据，是社会信息化发展的关键性问题。只有快速和精准地完成这样的数据处理工作，才能有效地实现分析和决策功能。

大数据技术领域和人工智能技术的研究密切相关。一方面，在人工智能技术的很多研究和应用场景中，从人工神经网络到深度学习的算法，都需要海量数据对人工智能的算法模型不断训练，在结果输出上持续优化，从而使得人工智能向更为精确和智能的方向不断进步。大数据技术和人工智能的结合在很多领域突破了人类所能够达到的极限。人工智能的快速发展和最近几年大数据获得的重大突破紧密相关，例如各种基于机器学习和深度学习的博弈程序，就是在大量数据训练的基础上，才能让计算机达到与人类棋手相当的水平。

另一方面，在大数据的维护、管理和信息提取中，人工智能的各种深度学习算法也发挥着重要作用，为海量数据的加工和管理提供了一种更加高效的运行模式。因此，从某种角度上看，大数据和人工智能这两个不同的计算机应用领域紧密地结合到了一起，这种多领域的融合发展也将会是信息科学发展的趋势和必然。本章的主要内容是讨论大数据的一些基本原理、处理数据的基本方法，以及其在深度学习中的应用。这些基础知识，对于我们理解人工智能的理论和应用都是大有裨益的。

7.1 数据、信息及数据管理

我们的日常生活离不开各种各样的数据，例如，每天的作息时间、工作总结等都是以数据的形式表现出来的。实际上，我们目前就生活在一个数据的时代，数据不仅让我们了解这个世界的变化，也为我们日常的行为和判断提供支持和保障。此外，计算机也是为了实现数据的快速计算而被设计和制造出来的。因此，在了解人工智能和大数据之前，需要首先了解一些计算机内数据的形式和数据处理的基础知识。

7.1.1 如何从数据中获取信息

数据是我们在计算机领域经常使用的一个名词。在计算机领域内，数据通常表示所有能输入计算机并被计算机程序处理的数据类型，是计算机进行运算、转换、加工和处理的且具有一定意义的数字、字母、符号和模拟量的统称。但是，计算机中加工和使用的大部分数据都是一些普通用户无法理解的二进制的数字符号，因此，对于普通用户而言，更加重要的是这些被计算机处理的数据所表示的具体含义是什么。

计算机中常用的数据是文字、字母、数字符号等。很多类型的数据是用户能够直接理解和使用的，例如，3.14159 就是一组简单的小数数字，我们通常可以用它来表示圆周率的近似值。但是，更多的情况下，我们需要使用一些数据来抽象地表示客观事物的属性、数量、位置及其相互关系。对于这样抽象类型的数据，其具体的数字化的表现形式还不能完全表达其内容，需要经过一定的数据解释过程，才能让数据成为有意义的内容。因此，可以说，数据和关于数据的解释是密不可分的。

例如，178 是一个三位数的整数数据，如果不加解释，那么 178 既可以表示一个人的身高，也可以表示某个人的体重，还可以表示某个年级的学生人数，等等。也就是说，如果不特地针对这个数据进行解释，那么 178 可以表示很多含义。因此，数据的解释是指对数据含义的说明，数据的含义称为数据的语义，数据与其语义是不可分的。

日常生活中，我们也经常使用"信息"这个名词来表示有意义的数据。信息与数据既有联系又有区别。通常，我们认为信息是为了满足用户决策的需要而经过加工处理的数据。我们可以简单地认为信息是经过加工的数据，或者说信息是数据处理的结果。因此，我们使用数据更多是需要从纷杂的数据中获取信息。

总的来说，数据和信息是密不可分，但是又存在本质区别的两个概念。信息一方面需要依赖数据来进行形式化的表达，另一方面又需要超越数据进行提取；而数据则是信息的表达形式，或者说是显示形式。

思考与练习 7-1　数据和信息的关系

表 7.1 为某学校部分学生的期末考试成绩。

表 7.1　学生成绩单

考号	姓名	性别	班级	语文	数学	英语	物理	化学	体育	实验	信息	总分
1020	王涛	女	一班	86	74	76	72	46	30	15	5	404
1021	刘哲轩	女	二班	89	88	87	84	70	23	14	3	458
1022	王跃	男	三班	80	71	61	77	84	30	14	5	422
1023	陈盼盼	女	一班	76	74	70	64	83	30	15	6	418
1024	张夏东	男	三班	82	67	25	72	82	25	12	7	372
1025	王小立	女	一班	83	93	52	69	89	29	15	15	445
1026	张晓晓	男	一班	95	74	97	76	61	26	10	3	442
1027	刘鹏菲	女	二班	83	77	79	77	64	28	15	14	437
1028	王肖禄	男	一班	95	91	99	74	79	30	14	8	490
1029	王耀	女	一班	78	58	70	55	72	28	12	6	379
1030	程小哲	女	三班	30	15	14		19		9	3	90
1031	郝海波	女	一班	76	73	75	71	62	29	13	8	407
1032	王国梁	男	二班	98	96	92	76	64	30	15	7	478
1033	杨广范	男	三班	86	80	89	85	67	30	14	0	451
1034	张之宁	男	一班	95	74	97	76	61	26	10	3	442

思考题 1：通过该表格中的数据，我们可以得到哪些有用的信息？

思考题 2：我们是否可以了解到该年级学生具体的学习情况如何？

思考题 3：我们是否可以了解学生在哪些科目还存在不足？你能说出从数据分析到获取信息的基本过程吗？

7.1.2　规模化数据的结构化管理

在我们的社会中，数据被不断地生产和制造出来，这些数据也在不断地影响我们的生活。例如，气象部门每天都要通过各种仪器和设备，不断检测和记录气象数据。但是这些气象数据并不能直接应用于我们的日常生活，气象部门还需要利用计算机不断地整理、分析这些气象数据，通过专门的程序进行计算和模拟，才能得到直接影响我们日常生活的信息，即今后一段时间的天气预报。

社会生活中，由于每个部门和个体都会实时生产、传输成千上万兆比特的数据，这些数据不断累积，使得我们的时代成了一个真正的数字化时代。在这种情况下，我们亟须通过功能强大的软硬件系统、计算机网络，实现数据的存储、传输、管理，并从这些海量的数据中发现有价值的信息，把这些信息转化成有组织的知识。

早期的数据库系统就是为了实现对大量数据进行存储、查询、处理而发展起来的一种系统。通常我们认为数据库系统就是一个利用计算机软件建立起来的，能够存储和维护数据的大型"仓库"。在数据库中，所有的数据就像商品或者货物一样，按照一定的规则存储在这个"仓库"中，当用户需要时，"仓库"能够实现对这些数据的快速查询、读取、修改等维护工作。通过数据库系统能够大幅提高我们日常对大量数据的应用效率。因此，数据库系统的出现可以被认为是计算机在信息处理方面的一个重大转变，它使得计算机的应用从以科学计算为主转向以数据处理为主，从而极大地拓宽了计算机的应用领域。

数据库系统的出现一方面使得普通用户能将日常数据存入计算机并在需要的时候快速访问它们，从而使计算机走出科研机构，进入各行各业、进入家庭。另一方面，数据库系统对数据的维护和处理极大地提高了计算机内海量数据的查询、管理效率。计算机存储和处理的对象十分广泛,表示这些对象的数据也变得越来越复杂,因此数据库系统将数据进行个性化处理和维护,为今后数据高级分析技术的发展奠定了基础。

思考与练习 7-2　数据库系统的应用

数据库系统目前依然在很多传统业务领域中有非常重要的应用。例如,各个学校都需要维护和管理学生的成绩、学籍信息等大量数据,这些数据都保存在统一的数据库中,这样,学校的各个部门才能够更加高效地查询并使用这些基本信息。

思考题 1:我们如何设计学生的数据表?

一个工厂生产产品,需要购买原材料,需要销售成品,因此也需要使用一个关于原材料、半成品、成品等各类数据的综合性数据库进行维护管理,这样才能准确地获得采购、销售等各方面的信息。

思考题 2:针对该工厂,如果大量数据零散地保存在多个工作人员手中,那么工厂的运行是什么样的?你还能举出一些传统业务领域中数据管理和维护的例子吗?

目前常用的数据库系统包括微软公司开发的 Microsoft SQL Server 系统、甲骨文公司开发的 Oracle 数据系统,以及开源数据库系统 MySQL 等。传统的数据库系统都是集中式的关系数据库,主要的目标就是针对数据的集中化管理,提供更好的数据查询、维护功能。大部分数据库系统都支持结构化查询语言(Structured Query Language,SQL),通过 SQL 能够非常快捷地实现数据库内数据的查询、更新和维护。SQL 的特点是能够更好地隐藏数据库的数据存储细节,让用户更多地关注数据之间的结构化关系和信息提取工作。

在传统的关系数据库之后,基于网络的计算机处理技术——分布式技术也开始应用于数据库系统。分布式数据库可以通过互联网实现分布式存储和管理功能,这样就进一步扩大了数据库的应用范围,并且从数据库的集中式管理模式转换到了更加适应互联网时代的分布式管理模式。这样的模式转变既提高了数据库系统的容量和规模,能够更好地适应互联网发展和网络数据的增长需求，也使得各种异构数据的综合应用成为可能。

我们在通过国际互联网进行信息的查询和检索时，需要不断搜寻对自己有效的，或者说有意义的数据。随着互联网数据量的激增，传统的搜索引擎技术会反馈过量的不匹配信息，这时就需要人工进行信息鉴别工作。这种情况被描述为"数据丰富，但信息贫乏"。也就是说，很多时候我们并不能快速获取自己需要的有效信息，甚至会产生数据污染的情况。例如，我们在浏览互联网时，推送的大量垃圾数据不仅不会帮助我们工作，而且很多无效的、错误的信息还可能误导我们。这就表示，信息产业中，伴随着数据的不断增长，还需要有一个更加强有力的数据分析工具，才能让我们更加有效地利用数据。

7.1.3　从结构化数据库到大数据技术

简单来说，大数据（big data）是一种由于在数据规模方面远超传统数据库的容量上限，因此在数据的获取、存储、管理、分析方面的难度也超出了传统数据库软件处理能力的数据的集合体。如 7.1.2 小节所述，当系统中的数据量还比较少时，我们通常会用一些传统的数据库系统来存储和管理这些数据，甚至很多时候，使用电子表格软件（Microsoft Excel、Numbers 等）就可以管理这些数据，并可以使用一些查询函数实现高效率的数据维护功能。

但是，随着数据量的不断增长和持续积累，简单的电子表格软件就无法存储和管理这些数据了，大中型企业会选择和使用关系数据库系统来进行结构化数据管理；当数据量发展到大数据阶段时，由于数据的主要来源转变为互联网，因此各种来自网络的，结构差异较大、格式不统一的数据成为数据的主体，传统的集中型数据库不能很好地应对这种转变，需要一种全新的数据处理模式才能优化和处理这样的规模化数据，并进行专业化的知识提取工作。

相比使用传统的关系数据库来管理和维护的数据，大数据具有很多鲜明的特征，主要表现在数据量、数据速率、数据复杂性、数据价值几个方面。IBM 公司认为大数据的 5V 特点包括：Volume（容量大）、Velocity（高速度）、Variety（多样性）、Value（低价值密度）、Veracity（真实性）。

- ○ Volume：数据量大，包括采集、存储和计算的量都非常大，大数据的计量单位词头至少是 P（1000 个 T）、E（100 万个 T）或 Z（10 亿个 T）。

○ Velocity：互联网的数据增长速度、传输速度都远超传统数据库的形式，因此对处理速度提出了很高的要求。例如，搜索引擎、个性化推荐算法等典型应用都需要实时完成信息推荐。

○ Variety：种类和来源多样化，包括结构化、半结构化和非结构化数据，导致了数据的异构性问题。具体表现为文本材料、音频、视频、图片等数据类型，数据类型的多样化对系统的处理能力提出了更高的要求。

○ Value：数据价值密度相对较低，或者说无效数据过多。随着互联网和物联网的广泛应用，信息感知无处不在，信息海量，但价值密度较低。因此大数据技术需要结合数据特征并通过高效的算法来挖掘数据价值。

○ Veracity：大数据能够更好地实现在大数据基础上提高信息提取的准确性和可信赖度。

大数据基本的特点就是数据量的海量增长和数据的多样性。有研究者发现，当前全球所拥有的数据总量已经远远超过历史上的任何时期，传统的关系数据库无法针对这些异构数据进行有效的结构化存储和管理。在数据的复杂性方面，由于数据采集的来源更加丰富，多种类型的数据混杂，这些数据在编码方式、存储格式和应用特征等多个方面也存极大的差异性，各种结构化、半结构化，甚至非结构化的数据并存。在我们的日常应用中，拥有了数据还需要对数据进行信息化提取，因此，针对这些海量数据的计算需求也在大幅增加。所有的这些特点都表明在信息化社会中，对数据处理的需求已经发生了根本性的改变，传统的数据库管理模型已经不能满足大数据时代的数据处理需求。

总的来看，大数据的应用也将在更大的范围帮助用户提高信息获取能力，以及提升自己的决策能力，创造更大的社会价值。目前，适用于大数据的技术，包括大规模并行处理数据库、数据挖掘电网、分布式文件系统、分布式数据库、云计算平台、互联网和可扩展的存储系统等。

7.1.4　大数据技术中的信息加工和知识获取

大型数据库和分布在互联网中的大量数据，如果不经过信息的转化和提取，是无法给用户提供有效信息的。因此，如何从这些海量的数据中发现有价值的信息，并把这些数据转化成有组织的知识是大数据时代的关键技术。通常我们也将这种从海量数据中发掘出有价值的信息和知识的技术称为数据挖掘。

数据挖掘就是从大量的、信息表达并不明确的混杂数据中提取隐含在其中的有意义的信息和知识的过程。数据挖掘技术在大量数据的基础上，自动分析、归纳和推理，从混杂的模糊数据中发现潜在的规律。数据挖掘也是一门交叉学科，它融合了数据库、人工智能、机器学习、统计学等多个领域的理论和技术。目前数据挖掘技术被广泛地应用于信息管理、决策支持、过程控制等领域。

数据挖掘中的数据源可以是数据库，也可以是来源于网络的各种非结构化的文本、图形、图像，甚至可以是更加复杂的异构型数据。如图 7.2 所示，从海量数据中进行知识挖掘的基本操作步骤主要包括：数据清洗、数据集成、数据选择、数据变换、数据挖掘。

图 7.2　数据挖掘的基本步骤

❍　数据清洗，即选择和清除数据源中明显错误或者不一致的数据，包括检查数据一致性、处理无效值和缺失值等。

❍　数据集成，即把多种来源的数据进行组合和统一。目前通常采用联邦式、基于中间件模型和数据仓库等方法来构造集成的系统。

❍　数据选择，即从数据库中提取和任务相关的数据。

❍　数据变换，通过汇总或聚集操作，把数据变换和统一成合适的形式。

❍　数据挖掘，即使用智能方法提取数据，然后使用知识表示工具或其他可视化工具向用户提供可供挖掘的知识。

这五个步骤中的关键步骤是最后的数据挖掘阶段，前期的操作步骤可以看作数据挖掘的准备工作。数据挖掘阶段常用的技术包括关联规则、神经网络、特征分析、回归分析、聚类分析等方法，其中用途最广的是关联规则方法。

关联规则的主要目的是在数据库中的一组对象之间挖掘和发现关联关系，并由此延伸和泛化出多层次的关联挖掘方法。神经网络方法广泛地应用于预测、模式识别、优化计算等领域，此外也可以用于数据挖掘的聚类分析。大数据的理论核心是数据挖掘算法，但是各种数据挖掘算法在处理不同的数据类型和格式的过程中过于烦琐和复杂，不利于普通用户的使用。因此，大数据的应用还强调和使用可视化分析技术。这是由于大数据的可视化分析能够直观呈现大数据的特点，同时非常容易被用户所接受。

思考与练习 7-3　应用数据分析获取有效信息的经典案例

数据挖掘的一个经典案例是"啤酒和尿布"的故事。在 20 世纪 90 年代，美国沃尔玛超市的管理人员从销售数据中发现了一个有趣的现象，在某些特定的情况下，"啤酒"和"尿布"这两种看上去毫无关系的商品，却经常会出现在同一个购物篮中。管理人员经过后续分析发现，同时购买这两种商品的顾客通常是年轻的父亲。因此，沃尔玛这样解释这个现象：在美国有婴儿的家庭中，母亲一般在家中照看婴儿，而去超市买尿布的任务通常会落在父亲身上。父亲在购买尿布时往往会顺便为自己购买啤酒，因此啤酒和尿布就自然而然地成了会同时购买的商品。基于这样的分析结论，沃尔玛尝试将啤酒和尿布摆放在同一个货架区域，从而让年轻的父亲能够更加方便地同时找到啤酒和尿布，这样的举措果然大大提升了这两种商品的购买率。

思考题：对比沃尔玛的案例，你能通过网络购物中的商品推荐发现什么？请举例说明。

思考与练习 7-4　根据学生的考试成绩改进教学

表 7.2 和表 7.3 为某学校的部分学生连续两个学期的期末考试成绩。

表 7.2   第一学期学生成绩单

考号	姓名	性别	班级	语文	数学	英语	物理	化学	体育	实验	信息	总分
1020	王涛	女	一班	86	64	76	52	46	30	15	5	374
1021	刘哲轩	女	二班	89	48	87	44	50	23	14	3	358
1022	王跃	男	三班	80	41	51	37	54	30	14	5	312
1023	陈盼盼	女	三班	76	74	50	64	53	30	15	6	368
1024	张夏东	男	三班	82	47	25	42	52	25	12	7	292
1025	王小立	女	一班	83	33	52	29	49	29	15	15	305
1026	张哓哓	男	一班	95	54	97	36	61	26	10	3	374

表 7.3   第二学期学生成绩单

考号	姓名	性别	班级	语文	数学	英语	物理	化学	体育	实验	信息	总分
1020	王涛	女	一班	89	87	89	87	84	28	15	15	494
1021	刘哲轩	女	二班	95	91	99	74	59	30	14	8	470
1022	王跃	男	三班	78	58	70	45	42	28	12	6	339
1023	陈盼盼	女	三班	30	45	64	54	69	20	9	3	220
1024	张夏东	男	三班	76	23	35	21	52	29	13	8	257
1025	王小立	女	一班	98	96	92	76	64	30	15	7	478
1026	张哓哓	男	一班	86	50	39	35	47	30	14	0	86

对于以上数据,我们如何使用数据清洗、数据集成、数据选择、数据变换、数据挖掘五个基本步骤进行数据的分析?通过这些分析结果,如何得到改进教学的方法?

思考题: 如果想更好地改进教学,这些数据还存在什么不足?那么如何补充数据呢?

7.2   人工智能和大数据的技术融合

大数据技术的核心目标就是从海量数据中快速提取有效的知识和信息。为了实现这个功能，需要从两个方面来进行基础性的研究，分别是大数据平台技术和大数据应用技术。其中，大数据平台技术就是指数据的采集、存储、流转、加工所需要的底层技术，是大数据应用的基础和核心。大数据应用技术是指对数据进行加工，使数据具有商业价值的技术。

通过对大数据典型应用的分析，可以看出大数据与人工智能、网络技术、存储技术等领域并不是相互孤立的，而是相互影响、相互支持、融合发展的。大数据技术中还需要应用云计算技术，通过分布式的云服务能够更好地支持多源异构数据的存储、访问和分析计算。大数据技术的核心目标是解决海量数据的采集与存储问题。由于数据量的爆发与数据业务需求的转变，早期的关系数据库不能很好地处理当前在线形式的多源异构数据。此外，由于基于互联网数据的使用者增多，因此整个数据的流通、转换就形成了一个非常复杂的网状拓扑结构。在这个数据流转的网络结构中，每个数据的使用者都在不断导入数据、清洗数据、分析数据，这样的重复操作会导致大量数据冗余，后续的数据处理任务异常复杂。在这种数据应用条件下，早期集中式的关系数据库已经不能解决企业问题，为了实现有效的大数据的管理，就需要一种全新的数据的分布式解决方案。

目前，在大数据的存储与管理方面通常使用新型的数据仓库系统。例如，当下流行的OLAP（On-Line Analytical Processing，联机分析处理）服务系统就是一种针对大数据而设计的系统，它能够对各类在线应用中的数据进行有效集成，并按多维数据模型进行异构数据的组织，为今后的大数据应用提供多角度、多层次的分析；目前的大数据应用中，通常使用 OLAP 作为后台的数据分析组织工具，但还需要在前端使用包括各种报表工具、查询工具、数据分析工具、数据挖掘工具，以及各种基于数据仓库的应用开发工具。目前重要的三大分布式计算系统包括 Hadoop、Spark 和 Storm 系统。其中，Hadoop 常用于离线的、复杂的大数据处理，Spark 常用于离线的、快速的大数据处理，而 Storm 则常用于在线的、实时的大数据处理。

在针对大数据的存储、访问和计算的过程中，单纯依靠手动或者程序控制的形式很难适应大数据中数据分析的需求，因此在大数据的应用中，人工智能也发挥着巨大优势。随着数据量的持续增加，人工智能技术可以代替人工数据干预实现智能化分析和处理。因此，人工智能的各种机器学习算法，能够为数据的处理提供更好的方法，能够为大数据的知识挖掘提供更加智能化的支持服务。

此外，人工智能的发展也离不开大数据的支持。人工智能的算法模型利用海量的数据不断训练，又在结果输出上进行优化，从而使得人工智能的理论和实践不断进步。例如，机器学习就是一个典型的大数据的应用案例。机器学习需要通过分析并学习已知信息、建立模型，从而实现对未知信息的预测，给人们带来决策上的支持。无论是监督学习还是无监督学习，机器学习都需要通过大量数据进行训练、验证和测试，这个过程中，大数据中的海量数据充当很重要的资源。

7.3　大数据技术的应用与展望

20 世纪 90 年代以来，在摩尔定律的推动下，计算机的运算能力、存储能力，以及网络中的数据传输能力都在飞速提高。网络中的海量数据首先引起了互联网公司的重视，后者展开了大规模的数据发掘和利用，进而推动了大数据技术的发展。目前，整个信息技术产业都开始把数据当作一种重要的信息化社会的数字资源。

大数据是一种面向互联网的、倡导数据开放和共享的数据管理与分析技术。传统的数据管理与分析技术并不能很好地处理基于互联网的多元化、异构化数据。大数据技术在超大规模的数据集上，以分布式架构进行数据管理与分析，能够更好地实现互联网中的数据管理与分析。

大数据技术的应用已经成为我们信息化生活的重要组成部分。例如，基于大数据的网络购物、医疗服务、交通出行等都给我们的日常生活带来了便利。从企业的角度看，大数据技术已经成功实现了数据的资源化转变，企业可以通过对海量的用户数据进行分析来完善产品或服务。当前，全球围绕着大数据的采集、存储、管理和挖掘，逐渐形成了一个生态系统及大数据的核心产业系统。大数据的应用能够提升企业运行效率，提高决策水平，从而实现通过数据促进经济发展的目标。

7.4　本章内容小结

本章主要介绍了大数据技术的发展历史和一些相关的基础知识。数据作为我们整个信息化社会的基础，发挥着无比重要的作用。如何从海量数据中提取出有效的知识也是计算机的一个重要研究方向。大数据技术的主要目的是处理互联网中的海量数据，这些数据不仅量大、来源复杂，而且异构性强，数据的存储、分析、信息提取困难，因此建立一套全新的大数据技术就是非常必要的。目前的大数据技术主要包括大数据平台技术和大数据应用技术两种。大数据平台技术就是指数据的采集、存储、流转、加工所需要的底层技术，是大数据应用的基础和核心。大数据应用技术是指对数据进行加工，使数据具有商业价值的技术。由于大数据技术本身内容丰富，本章只是介绍了一些基本的理论和概念，读者可以通过思考与讨论来理解数据挖掘的原理和基本过程。

7.5　本章练习题

1.（单选题）关于数据和信息的表述，正确的是（　　）。

A. 数据和信息没有关系　　　　　　B. 数据是信息的基础和来源

C. 计算机中的数据无法提取信息　　D. 数据和信息是因果关系

2.（多选题）大数据的 5V 包括（　　）。

A. Volume（容量大）　　　　　　　B. Velocity（高速度）

C. Variety（多样性）　　　　　　　D. Value（低价值密度）

3.（单选题）知识挖掘的基本操作步骤不包括（　　）。

A. 数据清洗　　　B. 数据集成　　　C. 数据选择　　　D. 数据传输

4. 如何理解大数据和数据挖掘（知识挖掘）的关系？

5. 如何理解大数据技术在人工智能中的应用？

第 8 章
物联网、云计算和区块链

本章学习重点

○ 了解物联网的基本概念和特点

○ 掌握物联网的基本结构

○ 理解物联网中数据的传输、处理过程

○ 了解云计算的基本概念和特点

○ 理解云计算、大数据和人工智能的融合应用模式

○ 了解区块链技术的发展和应用

○ 理解区块链技术和物联网的融合和应用前景

本章学习导读

人工智能技术的优势在于其不仅优化并解决了图像识别、语音识别等一些特定领域的问

题，而且对整个社会的信息化发展都产生了深远的影响。目前，人工智能技术正在以多种技术互相融合的形式，不断延伸到其他领域的应用中，这些领域不仅涵盖了信息技术产业，也包括各种传统的制造业、服务业，等等。本章选择了当前一些热点的人工智能的应用领域，通过研究这些领域的特点和人工智能的应用形式，来理解信息技术的发展趋势和人工智能的应用优势。本章主要内容如图 8.1 所示。

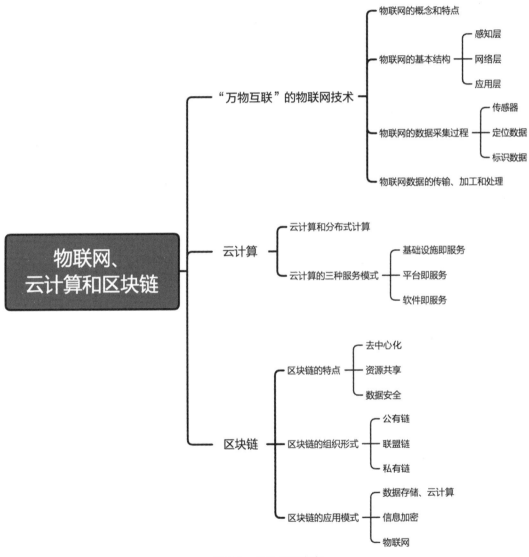

图 8.1　本章主要内容

物联网技术是在互联网技术的基础上发展起来的，是以"万物互联"为目标的一种新兴的广义网络，能够实现通过互联网将实体化的物品智能化。物联网在目前的信息化应用中日趋成熟，并且和人工智能技术能够有效地融合在一起，为物联网中数据的智能化处理和智能化的"物"的管理提供了有效的技术支撑和保障。另外，也正是因为有了人工智能技术的融合应用，才使得物联网成为真正的"智能网"。在云计算和区块链技术中，人工智能也发挥着这样优势互补的作用。了解和掌握这些领域的一些基础知识，能够帮助我们更好地理解、应用和发展人工智能。

8.1 "万物互联"的物联网技术

互联网的应用和发展极大地开拓了人类信息的来源，让我们能够更加便利地通过互联网获取、加工、处理各类数据和信息。此外，智能嵌入技术和互联网的结合，形成了智能的物联网（Internet of Things，IoT）技术。物联网是一种在互联网基础上延伸和扩展的广义网络，它通过互联网将实体化的物品智能化，实现了信息化社会到智慧型社会的转变。本节主要讲解一些物联网的基本概念、理论基础等内容。

8.1.1 "万物互联"的概念及其发展

物联网的概念最早出现于比尔·盖茨 1995 年出版的《未来之路》一书中，但是由于当年的无线网络、硬件及传感设备在软、硬件方面的发展相对比较滞后，因此物联网的概念并未引起当时人们的重视。直到 1999 年，美国自动识别技术实验室（Auto-ID）的研究人员使用物品编码和射频识别技术（Radio Frequency Identification，RFID）对物品进行编码标识，并通过互联网把 RFID、激光扫描器和信息传感器连接起来，实现了一种针对物品的智能化管理网络。2005 年，在突尼斯举行的信息社会峰会上，国际电信联盟（ITU）发布了《ITU 互联网报告 2005：物联网》，正式提出了物联网的概念。

可以认为物联网是一种通过互联网技术，结合射频识别技术、各类传感器、全球定位系统等信息采集设备，按约定的协议把物品与互联网连接起来，实现物体的智能化识别、定位、跟踪、监控和管理的一种智慧型网络。从本质上看，物联网是一种互联网的延伸和扩展，但是接入网络的不再仅仅局限于网络计算机系统，而是延伸到世界上任何的物品。

在传统的互联网中，我们是将具备独立功能的计算机设备连接到一起，通过网络通信设备和各种通信协议实现信息和资源的共享。物联网中接入网络的设备是"物"，这样，除了传统意义上的计算机，也包括各类电子设备、家用电器，甚至可以包括食品、服装，以及日常生活用品等非电子类物品都可以接入物联网。通过物联网，世界上的很多物品都可以连接到网络，这样就大大拓宽了传统互联网的应用，通过物联网实现物与物之间的自主、智能化的交互操作。例如，目前很多厂家生产的新型汽车已经开始接入物联网，能够实现汽车的自动导航、自动辅助驾驶、远程汽车控制等功能。

在物联网的结构中，接入物联网中的"物"需要首先使用 RFID 进行标识和定义，并通过无线网络、广域网或者其他通信方式相互连接。这时物联网中的"物"应当具备可读取、可识别、可定位、可寻址和可控制的特征。其中，"可识别"是物联网对接入物最基本的要求，不能被识别的物体是不能作为一个独立的"物"连接进入物联网的。所谓可识别，就是物品的编号具有唯一性，同时便于数据的读取和传输。此外，在一些智能化系统中，还要求"物"具有一定的存储功能和计算能力。

其次，除需要以传统互联网作为基础外，物联网还需要综合使用无线传感器网络技术。无线传感器网络技术是一种集成了数据收集、数据加工和通信传输功能的集成性模块。物联网应用中就是通过这种特定功能的传感器收集环境数据，再通过有线或者无线网络实现数据的传输功能，甚至可以认为，物联网中的"物"通过这种集成的功能芯片，能够与传统互联网中的计算机和用户处于同等地位，真正实现了物理世界的相互连通。

经过数年的快速发展，与传统互联网相比，物联网具有整体感知、可靠传输和智能处理三个主要特征。"万物互联"的形式将人和"物"通过数据有机地融合在一起，丰富了我们的生活，也给社会发展带来了新的机遇和挑战。

8.1.2　"物"是如何连接网络的？

由于物联网中的"物"通过相应的传感器来收集关于环境和自身的数据信息，因此，物联网需要通过多种网络通信形式，满足"物"数据交换时的性能需求。物联网的体系结构和互联网的类似，也是一种开放性的网络，能够在保证物联网安全的基础上，实现"物"的动态增减功能。为了使物联网能够实现"物"与"物"之间的信息交互，还需要在物联网中实现数据采集、分析和处理功能。在这种功能需求的基础上，物联网基本的体系结构可以按照其功能划分为图 8.2 所示的三层结构，即感知层、网络层和应用层。

图 8.2　物联网的三层结构

首先，物联网感知层的主要功能是通过各类传感器，收集、整理与"物"相关的基本数据和信息。感知层是整个物联网的硬件基础，也是物联网数据的来源。例如，物联网中的"接入物"，可以通过红外传感器、声音传感器、超声波传感器等多种类型的传感器获取环境的数据，这样就能满足我们获取外界信息的需求，并能为进一步传输、存储、加工这些数据做好准备。除了基本的传感器之外，物联网还可以通过标识技术、定位技术实现"物"的标识和定位，也只有通过感知设备的数据收集，"物"才能真正成为一个信息源，传递它所感知到的信息。

其次，物联网在实现了数据的收集、整理工作之后，下一步就是将这些数据通过有线或者无线网络进行传输。为了保障数据传输的正确性和及时性，在数据传输的过程中，必须考虑到兼容各种异构网络和协议的情况。因此，这就要求物联网的网络层具有安全、可靠和兼容异构网络的特点。此外，为了管理和控制物联网中的"物"，除了数据的传输功能，还需要实现数据管理、统计分析等一些基本的数据维护功能，因此，物联网的网络层还需要具备一定的智能处理和智能控制功能。尤其当物联网与大数据和人工智能技术结合后，物联网就可以实现一定的海量数据的存储、计算、分析功能，也就会更加智能。

最后，物联网要和一定的应用场景相结合，才能解决人们在生产、生活中遇到的各类问题。例如，智能家居、智能交通、智慧城市中对于接入点信息的监控管理，以及远程的协调和控制等，都是物联网常见的在应用层的实现。随着物联网的发展，还会延伸到更多的应用场景，发现更新的应用领域和应用模式，也会从更多场景中的传感器采集海量信息进行分析、加工和处理，以适应不同行业、不同用户的需求。

除传统的三层物联网结构外，也有研究人员提出了物联网的四层体系结构，这四层结构包括感知层、网络层、平台层、应用层。总的来看，无论是三层结构还是四层结构，其基本原理都是以物联网中数据收集、传输、加工、应用的基本流程为基础进行的概括和总结。

8.1.3 关于"物"的个性化数据采集

传感器是物联网接入信息的来源，也是物联网感知层的基础和核心。物联网中使用的传感器和机器人中使用的类似，也是主要由敏感元件和转换元件组成，能够将测量到的外部信号转换成计算机可用数据的装置。例如，各种光学传感器就是利用光电感应的原理，对外界的光线产生反应，再通过转换元件转换成计算机系统可用的电信号的设备。

此外，感知层中的定位技术也是物联网中的关键技术之一。物联网中的定位技术是指利用信息化手段获取当前物体的具体定位、运动速度等基本信息的技术手段。定位技术的主要功能是对物联网中的物体进行标记定位，从而辅助实现物联网中"物"基于位置服务的管理。目前物联网中常用的定位技术包括 GPS 及北斗卫星等定位技术、基站定位技术和 Wi-Fi 室内定位技术。其中，北斗卫星定位系统是中国自主研发的，利用地球同步卫星为用户提供全天候、区域性的卫星定位系统。它能快速确定目标或者用户所处地理位置，向用户及主管部门提供导航信息。基站定位一般应用于手机用户，它是通过电信移动运营商的网络获取终端用户的位置信息（经纬度坐标），在电子地图平台的支持下，为用户提供相应服务的一种增值业务。Wi-Fi 定位技术有两种，一种是通过移动设备和三个无线网络接入点的无线信号强度，通过差分算法，比较精准地对人和车辆进行三角定位；另一种是事先记录巨量的确定位置点的信号强度，通过用新加入设备的信号强度对比拥有巨量数据的数据库来确定位置。通常情况下，通过基站定位的方式实现的定位精准度比较低，卫星定位精度较高。实际应用中需要依据物联网的定位用途，选择合适的定位方式。

物联网中还需要对"接入物"或者数据源添加标识信息，这样才能确定物联网接入点的具体信息。物联网中的标识技术是指通过 RFID、条形码等设备标识具体接入物的过程，也就是对接入物进行的一个编码过程。物联网的标识技术是识别物联网中物理和逻辑实体的基本方法，"物"也只有在被识别之后才可以参与信息的整合和共享。目前的标识技术主要有条形码技术、射频识别技术、语音识别技术等。

在物联网的感知层中，除传感器、标识技术外，还需要在传感器设备和上层业务中间添加传感器中间件。传感器中间件的主要功能是实现对传感器数据的采集、过滤、合并、存储、维护、访问和聚合。例如，物联网中安装多种传感器，可以采集到环境温度、物体位置、运动速度等多种数据，传感器中间件将这些数据组合，添加物体的标识信息，以一个数据包的形式进行发送和传输，也就是说，中间件主要用来完成感知层数据的聚合处理工作。

目前，物联网采用了大量智能化的传感器技术，将微处理器与传感器结合，不仅能够采集数据，还可以实现信息的处理和存储，甚至可以实现一定程度的逻辑推理和决策支持。随着微处理器技术的不断发展，智能传感器将在数据处理能力、综合性能等方面得到进一步的提升，也会进一步促进物联网的智能化发展。

思考与练习 8-1　共享出行中的物联网应用

在共享单车、共享汽车等应用中，定位技术可以用来测量目标的位置参数、时间参数、运动参数等时空信息，从而得知某一用户或者物体的具体位置和运行轨迹，进而实现对人或物的位置跟踪。

思考题：假设当前共享单车公司希望通过物联网获取各方面的数据，进而优化城市共享单车的投放，应当如何进行物联网设计？请你从选择传感器设备等多方面简要地说明一下设计思路。

8.1.4　"物"的个性化数据处理技术

物联网中"物"的感知层能够将环境数据、定位数据和物体的基本数据聚合在一起，下一步操作就是在这些数据的基础上，通过网络层实现物联网中"物"与"物"，或者"物"与人之间的数据传输、存储和加工操作。物联网中数据的传输处理过程如图 8.3 所示。物联网中的数据在将传感器数据和标识信息的数据集成后，通过云计算技术、人工智能技术实现数据的存储、分析、处理和决策判断。

图 8.3　物联网中数据的传输处理过程

目前，物联网中主要采用互联网、短距离无线网络和移动通信网来进行"物"的硬件联网，并实现物联网中信息和数据的高效、安全及可靠的传输。物联网除了在硬件上实现了"物"的网络接入之外，还需要实现网络数据的格式转换、地址转换等功能，才能够真正实现数据的传输和网络寻址。其中，物联网中广域网数据传输主要是指 4G/5G 移动网络、互联网技术、卫星通信技术等，但是由于目前短距离网络和广域网之间，以及广域网和广域网之间存在着网络协议的差异，物联网中存在多种异构网络并存的局面。因此物联网还需要实现多种异构网络之间的透明融合，利用不同通信网络资源的优势，为用户提供更加灵活和丰富的网络服务。

物联网中数据处理的主要功能是实时监控物联网的运行状态、协调物联网资源，并实现数据交互和资源共享。在数据处理阶段，物联网需要首先实现数据的查询、存储、分析、挖掘等功能，并综合利用大数据、云计算和人工智能等技术，实现物联网的决策推理功能。由于物联网中接入数据的海量增长，为了实现信息的汇总、统计和备份，通过云计算的方式进行存储和管理能够更好地提升物联网的信息处理能力和智能化水平。

同时在实时处理信息的基础上，实现物联网的决策功能是人工智能领域的优势所在。物联网通过分析海量数据来判断事件是否发生，这只依靠手工分析和判断，并给出决策建议是远远不够的，因此需要将物联网内的物理数据，首先转换成便于人和机器理解的逻辑数据，再结合数据挖掘、深度学习等人工智能手段，将"物"中的数据内容进行智能化处理和分析，最终给出物联网决策支持的建议。

8.1.5 物联网在日常生活中的应用

物联网技术的核心就是通过互联网将各行业的专用设备进行整合，通过云计算、人工智能技术实现对数据的分析和管理，最终对物联网内的机器设备实施有效的管理和控制。物联网可以实现对硬件资源更加智能化的动态管理，提高资源利用率和信息化水平。

物联网通过对数据的采集、传输、存储、分析，最终可以为终端用户提供设备的远程管理、信息处理等服务。例如，物联网可以把多种感应器嵌入家庭生活、企业工作等信息化环境中，甚至也可以应用在电网、交通设备等各种传统行业中，通过传感器和通信网络实现"物"与现有互联网数据的整合。

根据物联网不同的应用目的，可以把物联网分为监控型、查询型、控制型和扫描型四种常见类型。在监控型应用中，物联网主要运用传感器设备对物体的属性进行监控管理，常见的应用场景包括环境监控、医疗监控、物流监控等。控制型物联网的主要目的是在监控的基础上，通过对物品的管理，实现智能化管理功能，例如，智能家居、智能交通等都属于典型的控制型应用。物联网推动了信息化社会的发展，优化了资源配置，从服务范围、服务方式到服务质量等方面都有了极大的改进。

思考与练习 8-2 物联网在智能家居中的应用

目前流行的智能家居是物联网在家庭空间内的一个典型应用。例如，通过物联网可以实现家庭中的空调设备、空气净化设备的智能化工作，能够提高人类的家居生活体验，比如保持房间内恒温、保证房间内的安全等。图 8.4 所示是一个远程的智能家居的控制型物联网。请一起来分析这个控制型物联网是如何工作的，你还能想起其他通过物联网实现智能家居的例子吗？我们应该如何实现这样的智能家居？

图 8.4 智能家居的控制型物联网

> **思考题：** 很多人喜欢养宠物，但是外出时，还需要担心宠物的进食、进水、安全等问题，是否可以通过物联网实现一个智能型的宠物的生活支持系统？应该如何设计呢？

8.2　基于网络技术的云计算

20 世纪 90 年代开始，信息技术和网络通信技术都开始进入一个高速的发展期，伴随着网络发展起来的，还有网络上开放和共享的海量数据。数据的发展对计算机的运算能力和存储容量提出了更高的要求，计算机高性能的应用场景也逐渐从单机走向网络，很多服务商开始提供基于网络的软件、应用服务。目前，云计算已经成为一种重要的商业化的服务模式，它的主要优势在于实现了基础设施建设的集中化管理和信息技术服务模式的转变。这种商业模式的转变促进了大数据技术、物联网技术和人工智能技术的推广和应用。

8.2.1　云计算的概念和发展

Salesforce 公司曾提出"将所有软件带入云中"的愿景，这个观点的提出是云计算发展中的一个里程碑式的事件。2002 年，亚马逊公司正式开始 Amazon Web Services（AWS）平台的运行；2006 年亚马逊将弹性计算能力作为一种云服务公开销售，标志着云计算这种新的商业模式正式诞生，也标志着信息技术产业从计算机软件、硬件的销售开始逐步过渡到云服务的商业模式。在这之后，国际上很多信息产业巨头都开始涉足云计算产业。2008 年 4 月，谷歌公司的云业务 Google App Engine（GAE）对外发布；2008 年，微软公司发布云计算战略和平台 Windows Azure Platform，并尝试将技术和服务托管化、线上化。

在国际商业巨头都开展了云计算服务后，国内也迎来了云计算的蓬勃发展。2009 年，阿里巴巴在江苏南京建立首个"电子商务云计算中心"，腾讯公司紧随其后也开始搭建腾讯云平台，并都逐步取得了商业上的成功。

云计算（Cloud Computing）中的"云"是一个网络的形象化表述，可以认为云计算就是一种使用者可以随时获取的网络资源。这种网络资源不仅包含传统意义上的存在于网络中的数据，也包括各种通过网络共享的软、硬件资源和相关的服务。从云计算的实现原理上看，早期的云计算本质上是一种分布式计算。如图8.5所示，将一些独立计算机无法完成的大型数据计算处理程序，分解成多个相互关联的小型程序，然后再通过相应的网络计算机分别执行被分解出的小型程序，最后通过统一控制系统合并处理这些小型程序，并将最终结果返回给用户。

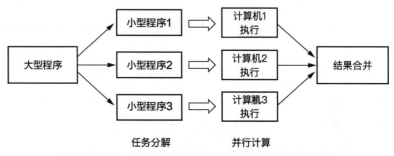

图 8.5　基于网络的并行计算的示意图

这样，通过网络上分散的计算机之间的协同工作，便可以完成一些独立计算机无法完成的复杂工作，不仅能够提高程序的运行效率，同时也降低了我们对单独的大型计算机的实际需求，减少了企业的硬件成本投入。

随着技术的发展，云计算已经从早期的分布式计算，逐渐演化成一种结合了分布式计算、负载均衡、并行计算、网络存储和虚拟化等多种计算机技术和网络技术的集成化应用模式。简单来看，云计算作为一种全新的网络应用，其核心就是以互联网为中心，通过网络为用户提供快速且安全的计算服务与数据存储服务。这样，可以大幅降低客户的计算成本，提高资源的利用率。

云计算通过虚拟化技术实现了一种高度灵活的、动态可扩展的网络服务，能够快速实现资源共享的特点。其中，虚拟化技术是指通过软件的形式模拟出一个统一化的软、硬件平台，能够为用户提供完整的系统应用功能，比如，数据的备份、迁移和扩展等服务。这种利用"云"的形式提供的虚拟化服务是云计算最基本的特征。云计算突破了资源共享的时空限制，对于企业来说，云计算能够为其提供更加强大的计算能力和存储能力，同时大幅降低企业的运行成本。

　　此外，云计算在可靠性、性价比、可扩展性等方面都远远超过了传统的集中式的运行模式。例如，从可靠性方面看，如果传统企业化模式中的硬件设备出现故障，那么整个系统的运行都会受到影响，但是云计算系统中，通过高度可靠的虚拟化业务和备份手段，能够把故障带来的影响降到最低，甚至终端用户可能都无法感受到硬件设备的故障。云计算中的虚拟化技术能够给用户带来更加方便、快捷和灵活的运算方式，目前市场上大多数信息技术的软、硬件资源都支持虚拟化技术，比如网络存储和操作系统等，虚拟化要素统一放在云平台虚拟资源池当中进行管理。

8.2.2　从硬件到软件——云计算的三种服务模式

　　云计算从早期的分布式计算逐渐发展成一种全面的系统化服务，让社会的工作方式和商业模式也发生了巨大的改变，甚至可以说是计算机网络领域的一次改革。目前，云计算常用的服务模式主要有三种，即基础设施即服务（Infrastructure as a Service，IaaS）、平台即服务（Platform as a Service，PaaS）和软件即服务（Software as a Service，SaaS）。这三种云计算服务模式有时称为云计算的三种堆栈，因为它们构建堆栈，互相依存。

　　基础设施即服务是云计算的主要服务模式，它的主要功能是向云计算的客户提供虚拟化的计算机资源。标准化组织云安全联盟（CSA）认为基础设施即服务是将云服务提供商的硬件资源，例如存储硬件、网络设备，以及其他硬件资源以服务的方式提供给客户，实现一个虚拟化云平台环境。在这个过程中，客户不需要直接购买服务器、软件、数据中心空间或者网络设备，而是将这些资源作为外包服务整体采购。

　　平台即服务是指客户根据云服务提供商所支持的编程语言和软件工具等，将自己创建的应用部署到云基础设施上。平台即服务模式能够通过"黑箱"的方式，避免客户对底层基础设施的管理和控制操作。平台即服务模式极大地提高了开发人员的开发效率，也提供了一个更加可靠和安全的平台。云服务提供商可以以软件或者组件的形式进行软件功能的扩展，开发人员只需要简单调用 API 就可以接入大量的第三方解决方案，例如，客户可以直接使用数据库、缓存管理、安全监控等功能，而不需要负责搭建和维护这些基础的软件平台。

　　软件即服务是指客户直接使用云服务提供商的应用，并可通过 Web 浏览器等瘦客户端进行远程控制和访问。软件即服务的模式下，客户只是对一些具体的应用参数进行配置就可使用这些应用，不需要直接对底层设施进行管理和控制。常见的软件即服务应用主要包括客户关系管理、企业资源计划、工资单、会计等常见的企业应用软件。

　　总的来看，云计算的三种服务模式分别从硬件基础设备、功能性基础软件，以及应用性软件三个方面有针对性地提供云服务。下面我们通过例题进行云计算三种服务模式的类比。

思考与练习 8-3　如何理解云计算的三种服务模式

　　小红很早就听说新疆的"独库公路"很美，因此想假期去新疆旅游。当她到达新疆后才了解到"独库公路"北起克拉玛依市，南到阿克苏地区库车市，纵贯天山南北，全长 561 公里，必须要通过自驾的方式才能实现这个旅游梦想。现在有多种方案可供她选择：

　　（1）在新疆当地买一辆汽车，开始自己的自驾旅游，旅游结束后，开回汽车或者转卖掉该汽车。

　　（2）在新疆当地的租车行租赁一辆汽车开始自驾游，旅游结束，归还该汽车。

　　（3）由于独库公路很长，路上需要经过雪山、深川、峡谷等危险地段，没有足够的经验容易发生交通事故，因此，在租车行租车之后再聘请一位专职司机，这样可以降低自己驾车的疲劳程度。

　　（4）在第三种方案的基础上，小红还考虑到过程中要经过很多少数民族地区，由于自己语言不通，当地文化和历史也知之甚少，而且对景点不熟悉，因此，她决定再聘请一位导游，带领自己去著名景点，为自己讲解当地的文化和历史。

　　思考题：如果按照云计算的方式来理解小红的旅游方案，你能详细讲解这些云计算的方案有什么特点吗？

8.2.3 云计算的应用优势和发展前景

云计算技术已经广泛应用于各类互联网服务中，例如，最为常见的网盘，或者通过移动设备实现的云存储服务就是一种典型的云计算应用。用户只要通过移动终端就可以通过云端共享并存储自己的数据资源，也就是说，云存储作为以数据存储和管理为核心的云计算系统，可以实现在任何地方连入互联网来获取"云"上的资源。例如，百度、微软、苹果等很多公司都提供了云存储的服务。

目前，人工智能技术与云计算、大数据、物联网等新技术都逐渐开始了深度融合，在医疗、金融、教育等各个领域都实现了基于网络的智能型应用。例如，医院的预约挂号、电子病历、医保等都是云计算与医疗领域结合的产物；云计算为银行、保险和基金等金融机构提供互联网处理和运行服务，同时共享互联网资源，从而解决现有问题，并且达到高效、低成本的目标；教育和云计算的结合将所需要的任何教育硬件资源虚拟化，向学校和教育机构提供了一个方便快捷的平台，进一步推动我国的教育均衡发展。总之，云计算极大地影响了我们的社会生活，也将推动我国的信息化建设不断前进。

思考与练习 8-4 云计算在社会生活中的典型应用

小红想在二手网站开设一个网店，她聘请了一位网站开发工程师，设计了网店的主要界面和功能。然后，她开始代理一些品牌的服装，并定期开展在线直播等带货服务。

思考题 1：请分析小红在网站上使用了哪些云计算服务？

假如小明有一些闲置物品，他想在二手网站进行转手售卖。

思考题 2：请分析小明在网站售卖中使用了哪些云计算服务？

8.3 区块链——数据的链状化管理技术

区块链技术本质上是一种基于对等网络（Peer to Peer，P2P）的分布式数据存储技术。2008

年，中本聪在关于比特币系统的论文《比特币：一种点对点的电子现金系统》中首先定义了区块链的数据模型，并应用区块链技术实现了一个安全、可靠，且无须第三方可信任机构来监管交易的自由的电子货币系统。区块链是分布式数据存储、点对点传输、共识机制、加密算法等计算机技术的新型应用模式。

目前在金融及其衍生领域，R3、IBM 等很多知名公司都开始使用区块链技术构建分布式总账，简化多方交易过程中的数据汇总等烦琐环节，优化多部门之间的数据协调，提高工作效率，保障关键数据信息的安全。此外，区块链技术在分布式存储领域、个人的智能健康档案，以及电子版权保护方面都逐渐开始尝试商业化应用。

8.3.1　区块链技术如何实现区块数据存储

区块链技术一开始是作为比特币系统的核心和基础而被设计和开发出来的，其主要目的是建立一个安全、可靠，且无须第三方可信任机构来监管交易的电子货币系统。早期的互联网中，货币交易时买卖双方协调难度大，交易成本较高，必须依赖第三方可信任机构的监管。此外，交易过程中也存在个人信息泄露和交易欺诈等问题。因此，中本聪将数据加密技术和区块链技术结合起来，解决了电子货币的交易难题。

区块链是由一串使用密码学方法产生的数据块组成的，每一个区块都包含了上一个区块的哈希值（Hash），从创始区块（genesis block）开始连接到当前区块，形成数据区块的一个链状结构。如图 8.6 所示，在区块链的结构示意图中，整个链状结构中的每一个区块都确保按照时间顺序在上一个区块之后产生。系统中，每一位所有者对前一次交易和下一位拥有者的公钥（Public key）签署一个随机散列的数字签名，并将这个签名附加在这个数据区块的末尾，电子货币就发送给了下一位所有者。这种由加密数据单元组成的链状形式能够通过单个节点的数字签名，以及所有交易参与者在交易活动中所形成的有效数据序列的形式进行安全验证，从多方面保障数据信息的安全。

区块链中，新的数据区块需要通过共识机制验证，并被广播到所有对等网络，被系统验证有效后并入区块链中。整个区块链的区块信息不可被更改，除非重新完成当前节点之后所有区块的全部工作量证明，这样才能让整个分布式系统确认其合法性。只要不能掌控全部数据节点的 51%，就无法肆意操控修改数据，这使区块链本身变得相对安全。

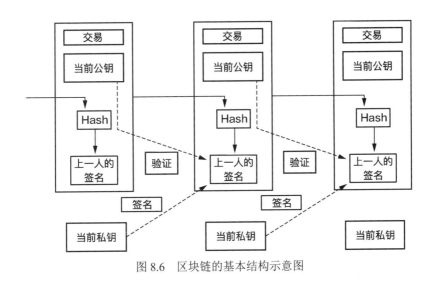

图 8.6　区块链的基本结构示意图

区块链实现的这种节点的交易或者变动，都会被广播至对等网络的每一个节点，当且仅当包含在该区块中的交易都是有效的且之前未存在过的，系统才认同该交易的有效性。这样，就不需要通过第三方可信任机构的监管来保证整个系统的交易安全进行。

8.3.2　灵活、开放和安全的区块化存储

从其结构上看，区块链并不是一种全新的结构模型，但是整个系统将多种数据处理方法融合在一起，形成了一种技术上前所未有的安全有效的系统。总的来看，区块链技术主要有以下几点特点。

去中心化与开放性：区块链技术采用了基于对等网络的分布式的数据处理模型，从交易模型上改变了传统金融交易模式下的第三方可信任机构的监管模式。在对等网络的结构下，任何人都可以参与到数字货币的交易和整个数据链的处理当中，并且发挥对整个系统交易状态的监管作用。对等网络的这种分布式结构避免了少数机构的垄断行为，更加符合互联网公平和开放的精神。这种去中心化的信息处理模型是互联网开放和自由精神的集中体现。

结构灵活：区块链技术通过利用链上数据节点的数据块存储不同类型的数据，最后再将

链状数据结构和对等网络的分布式存储形式相结合。链状的数据存储方式保证了数据组织和管理上的灵活，并拥有足够的可扩展性。因此在区块链的框架结构下，可以派生出很多不同数据的分布式存储和处理结构。

隐私保护和安全性：区块链的分布式存储和访问形式决定了链状数据是开放和透明的，任何节点都可以获取整个区块链的数据信息。同时，区块链中通过加密形式来保护核心数据及交易信息，并通过共识机制确保整个链条数据不被篡改，从而保证了整个区块链数据的安全。因此，区块链系统的交易模型能够很好地将交易活动的公开透明和交易双方隐私的保护这两个看似相互对立的层面完美结合在一起，在当下互联网信息安全事故频频发生的大环境下，这一点是尤为重要的。

8.3.3 区块链的三种拓展方向

区块链技术在数据存储和访问控制方面所体现的安全、灵活，以及去中心化的特性，能够较好地解决数字交易过程中的信息流转问题，提高交易的透明度和交易记录的完整性。因此，区块链技术被迅速推广和应用到智能合约、物联网、数字资产转移、金融交易的衍生品和证券交易等领域。

分布式总账系统是目前区块链的基本应用形式，交易多方通过共同维护一个区块链账本而不需要第三方机构参与，在保障数据安全的前提下，降低了监管机构的管理费用，提高了审计的透明度。在大量商业公司的参与及各领域的积极推动下，区块链技术也进行了适应性的升级。目前，从链条的组织形式来看，区块链可以大致分为三类。

（1）公有区块链（Public Blockchain）：对等网络所有节点都可读取区块链中的所有信息，都能够发起交易且能获得有效确认，即所有网络节点都拥有读写区块链数据的权限，因此这种形式的区块链也称作公链系统。

（2）联盟区块链（Consortium Blockchain）：区块链受到部分核心节点的控制，区块链的关键操作是在多数核心节点的共同认可下进行的，非控制节点只能进行有限的区块链操作，如限制区块链的写入，或者进行区块链状态信息查询的身份限制等，这种半公开的区块链可以视为一种中心控制的回归。

（3）私有区块链（Private Blockchain）：一种完全私有的区块链，其写入权限仅被一个组织机构控制。

从发展角度上看，区块链从早期开源社区的项目形式，逐渐转变为商业公司与开源社区相互融合的形式，这是区块链技术大规模商业化应用的一个趋势。商业公司提供的技术和资金，使得区块链的技术实现与商业应用的结合更加紧密，并且在市场推广上更加具有竞争力和影响力。商业化的区块链平台的发布也使得区块链在各个商业领域的应用更加规范化和标准化，二次开发的成本和技术难度都大幅降低，后期维护和管理更加成熟。

区块链技术的数据加密和共识机制在数据安全方面有很大优势，但是比较其他较为成熟的网络云平台，区块链还需要在产品阶段不断测试升级。区块链技术目前主要适用于非实时、交易吞吐量较小的业务场景，软、硬件平台方面还需要进一步稳定和成熟。

8.3.4 区块链技术的应用优势和发展前景

区块链技术作为一种通用的分布式数据存储和管理技术，其核心优势主要在于自由、开放与安全透明的数据信息处理模式。目前在金融及其衍生领域，如数字化产品交易、分布式存储等方面都发挥了重要作用。

区块链和物联网的结合被认为是区块链很有前景的一个应用方向。区块链通过节点连接的散状网络分层结构，能够在整个物联网中实现信息的全面传递，并能够检验信息的准确程度。这种特性在一定程度上提高了物联网交易的便利性和智能化。

此外，区块链技术目前已经开始应用于云计算领域，体现了其分布式数据库的本质。目前流行的 Storj、SIA、Maidsafe 和 Ethereum 应用都是基于区块链技术实现的分布式存储方案。区块链的分布式存储技术首先将文件分割成多个小文件或碎片，然后应用区块链技术将文件或碎片加密传输到对等网络存储。区块链的分布式存储技术能够从根本上解决传统云存储供应商的信息安全问题。基于区块链技术的海量数据存储方案的主要优势在于，其数据的碎片化处理过程中能够维护整体数据的安全性，同时改变了数据中心的冗余存储模式，提高了数据的存储效率，也降低了存储成本。

此外，飞利浦和 GEM 公司应用区块链为用户的隐私医疗数据提供保护，创建个人的智能健康档案。医疗机构可以在区块链的帮助下管理患者的病例，以及管理医疗账单等。此外，Blockai 现在已经允许网络内容创作者将自己的作品加密记录在区块链上，这样就能提供基本的版权保护，可以帮助作品所有者避免版权侵犯。

思考与练习 8-5　区块链、物联网、云计算和人工智能

区块链技术作为一种去中心化的分布式系统，在物联网中的应用前景非常广泛。使用分布式存储技术的区块链如何应用在云计算中？目前区块链在电子货币中应用得较多，和物联网的融合应用也趋于成熟，那么区块链和人工智能的融合有什么发展前途呢？

8.4　本章内容小结

本章内容主要包括物联网、云计算和区块链三个部分。这三部分内容是目前信息技术产业中研究和应用的热点，并且和人工智能也都有着非常密切的联系。随着信息技术的不断发展，各个研究方向之间的技术集成和融合应用越来越普遍，物联网技术更加关注的是"物"的联网和智能化应用，在物联网的应用中，人工智能技术和云计算技术都是实现智能网络的核心和关键。

云计算技术是从分布式技术发展而来的一种以互联网为中心的计算服务与数据存储服务技术，它在大数据、分布式存储、信息资源共享方面都有着巨大的应用前景。区块链技术也是一种新型的互联网分布式存储技术，与云计算和云存储相比，区块链技术更加强调数据的分布式存储的安全性和去中心化的信息共享问题。总的来看，这些基于分布式网络的信息处理技术将是今后信息技术的大势所趋，也是人工智能技术应用的融合方向。

8.5　本章练习题

1.（单选题）物联网中传感器的主要功能是（　　）。

A．作为机器人的一种感受器　　　　　B．收集外部环境的信息

C．数据传输功能　　　　　　　　　　D．对"物"的数据信息进行存储

2.（单选题）物联网的主要组成部分不包括（　　）。

A．感知层　　　　　B．应用层　　　　　C．网络层　　　　　D．效应器层

3.（单选题）目前物联网还没有应用于以下哪一个场景（　　）。

A．智能家居　　　　B．车联网　　　　　C．智能交通　　　　D．电子货币

4.（单选题）云计算的服务模式不包括（　　）。

A．基础设施即服务　B．平台即服务　　　C．软件即服务　　　D．系统化服务

5.（单选题）云计算中的基础设施即服务不包括哪些类型的服务（　　）。

A．网络存储服务　　B．虚拟机服务　　　C．网络操作系统　　D．分布式计算

6.（多选题）物联网的主要特征是什么（　　）。

A．全面感知　　　　B．智能处理　　　　C．可靠传输　　　　D．远程控制

7.（多选题）区块链的组织形式主要包括（　　）。

A．公有区块链　　　B．联盟区块链　　　C．共享区块链　　　D．私有区块链

8．一个共享单车厂商，如何综合应用物联网和云计算，降低成本，提供更好的出行服务？请简单谈谈设计思路。

9. 区块链目前主要应用于数字加密货币，在数字加密货币中，区块链有哪些优势？区块链在物联网中的应用有哪些？如何看待人工智能和区块链的融合应用？